U0186657

The Unique World
方
寸
方寸之间　别有天地

〔日〕井田彻治 ——— 著

寻找森林之子

灵长类的危机和未来

霊長類　消えゆく森の番人

杨　莎——译

社会科学文献出版社
SOCIAL SCIENCES ACADEMIC PRESS (CHINA)

REICHORUI, KIEYUKU MORI NO BANNIN

by Tetsuji Ida

Originally published in 2017 by Iwanami Shoten, Publishers, Tokyo.

This simplified Chinese edition published 2020

by Social Sciences Academic Press, Beijing

by arrangement with Iwanami Shoten, Publishers, Tokyo

序 章

在这片森林湿地中，即使静静地站着也热得人汗如泉涌。远处传来阵阵雷鸣，让人不禁以为天要凉快些了。伴随着一声巨响，暴雨骤降。林中的蝉声、鸟声，以及遥远的吼猴（Howler Monkey）叫声突然消失了。空气中弥漫着土与水的馨香，或黄或白的花瓣零落如雨。树上生着形形色色的叶子，深浅不一，颜色各异。这片林子从气息到声音，都显示出热带雨林独特的多样性。

2015 年 9 月，我来到南美秘鲁的亚马孙河支流雅瓦里河（Javary River）[①]，进入广阔的热带雨林中。雨林附近是亚马孙河流域知名的伊基托斯（Iquitos），这座城市素以贸易繁盛闻名，从那里乘水上飞机和船只，约 3 小时后到达目的地。我

---

① 亚马孙河上游的主要支流之一，位于秘鲁与巴西边境。——译者注。本书如无特别说明，均为译者注。

前来采访一个研究小组，该小组致力于研究和保护一种栖居在此的赤秃猴（Red Uacari）。这是一种濒临灭绝的猴子，静静地生活在这片人类几乎未曾触及的林子里。

赤秃猴仅存在于亚马孙河流域，在日本鲜为人知。它们周身遍布赤褐色的体毛，头部却光秃秃的。由于面部没有任何多余的皮下脂肪，它们的整张脸都显得通红，宛如深夜游荡在繁华街市的醉汉一般。赤秃猴因其独特的长相，经常在“世界奇妙动物排行榜”中名列前茅，甚至在“世界上最丑陋灵长类”评选中拔得头筹，难怪针对它们的研究投资屈指可数。即便如此，在不时有生命危险的状况下，研究人员依然夜以继日地在热带雨林中追踪着赤秃猴，探寻其生存状况，试图将它们从濒危的现状中解救出来。旁人大抵很难理解这样的行动。

灵长类研究人员在亚马孙雨林中持续追踪着赤秃猴，他们表示：“赤秃猴在地球漫长的历史中诞生，成为这片土地不可或缺的一部分，更是生态系统的重要组成部分。在人类彻底理解赤秃猴之前，怎能让它们悄无声息地从这片大地上消失呢？”

十年间，我探访世界各处，行遍非洲、亚洲和中南美洲，追寻各种灵长类的踪迹，采访了许多致力于研究和保护濒危灵长类的研究人员。

毋庸置疑，灵长类是地球上与人类最为亲近的动物。森林中，一只体型巨大、身材壮硕的雄性大猩猩嚼着食物，目不转睛地盯着人看，从其背部的银色毛发可以看出这是一只银背猩猩（Silver Back）[①]。小猩猩在它周围嬉戏，时而跳上父亲坚实的脊背，时而挂在树梢，和人类的小孩别无两样。

栖息在非洲的大型类人猿黑猩猩（Chimpanzee）和20世纪初才被认可为新物种的“最后的类人猿”倭黑猩猩（Bonobo）并称与人类最接近的生物；长臂大眼的红毛猩猩（Orangutan）有着浓密的橙色毛发，怀抱幼崽，挂在树枝上进食；来自巴西的金狮面狨（Golden Lion Tamarin）一身金色的毛发熠熠生辉，异常夺目；加里曼丹岛的森林没入夜色时，眼镜猴（Tarsier）会忽闪着大眼睛悄悄觅食；长臂猿（Gibbon）与巴西蛛猴科（Atelidae）的南北绒毛蛛猴（Muriqui）会身轻如燕地在林间穿梭，让人类的运动健将自惭形秽；当然也少不了仅存于马达加斯加的狐猴（Lemur）。这些灵长类千姿百态，永远不会令观者生厌，观赏它们让人兴致盎然。可如今，它们中的很大一部分深陷灭绝危机。世界自然保护联盟（International Union for Conservation of Nature, IUCN）指出，包括亚种在内，全球共有约700种灵长类，其中近60%现已濒危。将它们逼入绝境的，正是另一种灵长类——人类的活动。

---

① 大猩猩群中年长（一般为12岁以上）的强壮雄性个体。

本书以世界各地灵长类保护现场报告为基础写作而成，旨在研究人类该如何与地球上和自身最亲近的生物和谐共处，思索如何在守护生态的同时，更好地在这颗星球上生存下去。大到体型巨大的大猩猩、红毛猩猩，小到能捧在手心的狐猴，让形形色色的灵长类都能在世界的某个角落生活下去，才是生态环境良好的表现。人类若要继续在地球这座家园繁衍生息，与灵长类动物和谐共存，必定是至关重要的一环。(除特别说明外，本书照片均出自摄影师水木光之手。)

目　录

第一章

逼近灵长类的危机 / 001

【专栏】何谓灵长类 / 010

第二章

大型类人猿的森林

卢旺达、刚果民主共和国、刚果共和国 / 013

第一节 / 隐居深山的大猩猩 / 015

【专栏】山极寿一与戴安 / 026

第二节 / 低地大猩猩 / 037

第三节 / 湿地大猩猩 / 048

第三章

与人类共生

刚果民主共和国、坦桑尼亚、马达加斯加 / 065

第一节 / 森林中的和平主义者　倭黑猩猩 / 067

【专栏】倭黑猩猩分果子 / 083

第二节 / 湖畔的类人猿　黑猩猩 / 095

第三节 / 狐猴的乐园 / 114

第四章

亚洲多样的灵长类

加里曼丹岛与越南 / 133

第一节 / 森林之子　红毛猩猩 / 135

【专栏】利基天使 / 155

第二节 / 被逼入绝境的小型灵长类　眼镜猴与懒猴 / 156

第三节 / 观光潮的背后　叶猴与长臂猿 / 166

第五章

仅存的圣地

亚马孙 / 179

第一节 / 不为人知的猴子　秃猴 / 181

第二节 / 森林中的体操选手　绒毛蛛猴 / 195

第三节 / 来自灭绝的深渊　柽柳猴 / 207

第四节 / 无家可归的猴子们 / 218

【专栏】发现猴群的最新报告 / 227

终　章

一脉相连的世界 / 229

第一节 / 今后的威胁　新的忧虑 / 231

第二节 / 守护灵长类 / 238

致　谢 / 249

参考文献 / 251

第一章

逼近灵长类的危机

2015 年 11 月，世界自然保护联盟灵长类专家小组发表了报告《陷入危机的灵长类》(*World's 25 most endangered primates revealed*)[1]，称“大猩猩、红毛猩猩和眼镜猴均被列入世界 25 大濒危灵长类名单”。专家小组的成员均为灵长类学者，他们齐聚一堂，就每隔两年修订一次的报告展开了激烈的研讨。报告中的 25 种濒危灵长类是经过反复推敲和细致权衡后列入的，这些物种数量极少，保护工作迫在眉睫，亟须引起人类的重视。

在 25 种濒危灵长类中，既有东部低地大猩猩 (Eastern Lowland Gorilla)、苏门答腊红毛猩猩 (Sumatran Orangutan) 这些日本人相对熟悉的灵长类，也有人们不熟悉的一些品种，比如东黑白疣猴 (Mantled Guereza, 又名 Colobus Guereza)、叶猴 (Langur) 和冕狐猴 (Sifaka) 等。灵长类本是与我们最为亲近的生灵，我们是否对其存在，以及人类将它们逼入何等绝境所知太少了呢?

根据世界各地灵长类学者小组联合发布的结论，灵长类现存 496 种，算上亚种则有 695 种。地球上的灵长类大小不一，形态各异，小到身长仅有 6 厘米，体重约 30 克的侏儒倭狐猴 (Pygmy Mouse Lemur)，大到 200 多千克的庞然大物

---

① 本书引用的著作、报告名称均译自日语。英语原名称为译者所加，以便读者查阅。

东部低地大猩猩，灵长目在哺乳纲中，多样性仅在老鼠等啮齿目和蝙蝠这种翼手目动物之下。

非洲、亚洲、中南美洲是灵长类的主要栖息地，有大约200种形形色色的灵长类动物生活于此。与非洲大陆东部隔海相望的印度洋岛国马达加斯加也不容忽视，这里的灵长类动物数量多达100余种，且全部为固有种，即仅存在于马达加斯加的灵长类，后文将对此详述。

灵长类大灭绝时代

世界自然保护联盟2016年更新的濒危物种红色名录（IUCN Red List of Threatened Species）[①]涉及437种灵长类，其中266种濒危，占比高达60%。有63种的濒危等级被列为非灭绝物种最高级，即红色名录第三级别的“极危”。无危等级则有125种。马达加斯加和亚洲分别有87%和73%的灵长类动物面临灭绝风险，甚至有许多已陷入濒危。总体数量趋向减少的种类在全体灵长类动物中高达70%。

所幸，近年来并未出现宣告灭绝的灵长类。世界自然保护联盟发布的材料显示，史上曾有两种灵长类被判定为灭绝，分别是出现在1700年前后的牙买加猴（Jamaican Monkey）

---

① 全球动植物物种保护现状最为全面的名录，始于1963年。共9个等级，分别为灭绝、野外灭绝、极危、濒危、易危、近危、无危、数据缺乏及未予评估。

和通过在马达加斯加发现的化石推测体重约为200千克的巨型狐猴古原狐猴（Large Sloth Lemur）。此外，由于仅存于非洲科特迪瓦的沃尔德伦红疣猴（Miss Waldron's Red Colobus）已销声匿迹许久，学者们高度怀疑该物种业已灭绝，只是由于当地住民不时传出目击声明，才暂未将其归入“灭绝”名册。纵观20世纪，已有哺乳纲下属犬类等食肉目和偶蹄目共计11种、有袋目共计9种动物彻底灭绝。虽说迄今为止尚没有任何一种灵长目彻底销声匿迹，不过在25种濒危灵长类中，仍有海南黑冠长臂猿（Hainan Gibbon）这样仅存20只左右的种类。如果再恶化下去，21世纪很有可能沦为“灵长类大灭绝的世纪”。

森林创造者类人猿

灵长类能适应各种各样的自然环境，和谐融入一方水土，其多样性始终令人啧啧称奇。它们有的生活在地表或近地面，有的栖息在十来米高的树冠附近，可谓四处为家。许多灵长类以植物为食，不过据报告，也有黑猩猩这样的食肉类，或是以林中的昆虫和小动物为食的。类人猿中，像大猩猩这样的庞然大物漫步在森林中四处觅食，会影响到自然生长的植物。它们的举动影响着大自然，对植物的生长和森林的再生起着举足轻重的作用。

灵长类会吞食各种环境中的植物种子，然后不经消化便将它们原封不动地随粪便排出体外，四处散布，扩大其生长范围。加里曼丹岛（Kalimantan Island）的研究显示，一组长臂猿在一年间，至少可以在 1 平方公里的范围内散布 160 种 16400 颗植物种子。灵长类十分灵巧，能够用工具获取那些只有它们能拿到的种子。热带雨林中，有的种子外皮紧紧裹着一层薄薄的果肉，灵长类不时会将它们生吞下肚。林中也有酷爱菌类的灵长类，它们用自己的身体运输孢子，完成“散布孢子”的使命。

加拿大麦吉尔大学的知名灵长类学者柯林·查普曼（Colin Chapman）在乌干达的基巴莱国家森林公园（Kibale Forest National Park）进行了长期的实地研究。通过细致的观察，他发现，凡有疣猴等灵长类栖息的丛林，地面成芽的密度会相对大些。查普曼由此得出结论，如若没有了灵长类，森林的生态系统可能会像多米诺骨牌倒下一样持续恶化。

亚马孙丛林中，由于狩猎活动，蜘蛛猴和卷尾猴（Cebidae）的数量锐减。调查发现，在灵长类相对稀少的地方，森林的恶化程度要更为严重。泰国的研究则显示，长臂猿的减少，直接导致了种子散布率的降低，从而造成了树种的流失。

动物的减少

随着物种的灭绝以及大象和类人猿数量的减少，世界各地的生态学者密切关注着大型动物逐渐消失造成的影响。在英语中，以“Fauna”（动物群）为语源衍生出的词是“Defaunation”（动物群损失）。大型鲸鱼消失的大海，大型类人猿及其他灵长类灭绝的热带雨林被视为动物群损失的典型案例。2015 年 12 月，巴西圣保罗大学的研究小组发表的一篇论文称：“灵长类对种子的散布作出了贡献。若以它们为核心的大型哺乳类和鸟类就此消失，森林吸收二氧化碳的能力将大幅降低，最终导致全球变暖加速。”其中的道理是：“如果能散播植物种子的大型动物逐渐减少，森林中可以成活的植被数量也会随之下滑。逐渐稀薄的森林吸收二氧化碳的能力自然会因此减弱，从而加快全球变暖的进程。”调研显示，全球变暖对红毛猩猩等生物的生存与繁殖有着恶劣的影响，后文将对此进行详述。地球变暖，大型灵长类的数量将随之减少，森林的吸收力也会逐步降低，从而进一步加速全球变暖的进程。如此周而复始，很可能使自然界陷入恶性循环。卡罗莱娜·贝洛（Carolina Belo）在她的论文中写道：“如今，热带雨林中动物锐减的严峻程度已不容小觑。对它们施以援手的现实意义，不仅在于保护受欢迎的大型动物本身或保护那些依靠它们散播种子的植物，更在于保护它们对气候变化及森林再生产生的积极影响。”

查普曼指出，目前人们已普遍认可了灵长类对散播种子作出的贡献。不过研究人员很难明确灵长类通过吞食果子，

穿梭在森林中的巨型大猩猩被称为生态系统的工程师（卢旺达）

究竟能给森林的生态系统带来多大的影响。原因之一是，除了灵长类，还有鸟类、蜘蛛以及林中的其他小动物同样在吞食和运输种子。

查普曼关注的是，灵长类在许多情况下会食用大量植物的叶子，从而对生态系统造成影响。有大型灵长类栖居的森林中，植物被食用的比例也会增加。通过测算，查普曼发现，灵长类在热带雨林中吃掉的植物叶子约占全体生物吃掉总量的 25% 至 40%。

查普曼等人通过在基巴莱的观测证实，若疣猴格外喜欢食用某种叶子，可能会导致该树木枯萎。若它们过量食用某种花，则会导致该植物无法孕育种子。灵长类进食后，排泄物重回森林，化作营养物质，这与森林的生态循环密不可分。人们从中可以得知，在树叶枯萎之前，灵长类食用新叶及新芽的多寡，会直接影响植物的生长速度。对此，查普曼的结论是："灵长类不仅能散播种子，而且可以通过大量食用植物的叶子，对热带雨林的生态系统产生重要影响。"因此，他将灵长类称为"生态系统的工程师"。

如今，研究人员会通过应用计算机模拟技术、地理信息系统（GIS）等高科技手段来推动生态学的研究。但在此之前，致力于实地考察和灵长类保护的研究者就已经得出了结论——灵长类作为"工程师"，不仅为森林的生态系统作出了贡献，亦为人类带来了重大福音。野生红毛猩猩研究的先驱者贝鲁特·高迪卡斯（Birutê Galdikas）说："大猩猩通过踩踏植物的幼苗，促进了次生林[①]的生长，对维持山林环境作出了贡献。对这个贫瘠的国家来说，山地的森林和大猩猩并非高不可攀的'奢侈品'，但它们却是卢旺达赖以生存的关键。"我们会在后面详细说明这个问题。

此外，以研究非洲卢旺达和刚果民主共和国的山地大猩

---

① 也称再生林、二次林。指原始森林遭到自然灾害或人为破坏后，自然恢复的森林。

猩（Mountain Gorilla）而享誉全球的美国动物学家乔治·夏勒（George Schaller）在其著作《大猩猩的季节》（*The Year of the Gorilla*）中写道："一如我们必须让它们自由生活，它们也凭借自身存在向在山地附近生存的数千居民提供着森林孕育的水源和土壤的水分等维持生命不可或缺的资源。这便是所谓的等价交换。"

人类也是地球生态系统中的一员，不可避免地要依赖灵长类散布的种子。一份调查结果显示，在非洲科特迪瓦共和国所食用的植物中，有48%都与灵长类散布的种子息息相关，而乌干达则是42%。就像东南亚人从灵猫的粪便中拣出咖啡豆一样，非洲有些地区的居民会收集灵长类散布的种子，作为食物端上餐桌。灵长类的生存与人类的食材有着千丝万缕的联系。它们若是灭绝，森林的形态自然会发生相应的改变，大自然回赐给人类的恩惠定将断绝。这也是保护灵长类不要灭绝的重要意义之一。

【专栏】何谓灵长类

灵长类（灵长目）与老鼠等啮齿目、猫狗等食肉目、大象等长鼻目并列，均属哺乳纲。灵长类的英文名称为Primate，大抵是因为它们在众多哺乳类动物中处于最上位的缘故。现今的人类，即智人（Homo Sapiens），也是灵长类的一种。若是前往科学博物馆，或许我们会看到标着“灵长目人科人类·日本人”的骨骼标本乃至人体模型。如今，除人类外的灵长类栖居在非洲、中南美洲、南亚、东南亚、东亚的热带和亚热带地区，唯一的例外便是日本。日本猕猴（Japanese Macaque）的活跃范围从九州一直到本州最北部的下北半岛，其亚种屋久岛猴（Yakushima Macaque）则生活在鹿儿岛县的屋久岛上。居住在温带发达国家的灵长类只有这两种。下北半岛的种群是除人类以外居住在世界最北端的灵长类，冬季的下北半岛雪片纷飞，严寒刺骨，却频频有日本猕猴出没。它们或潜入长野县山岳地带的温泉，或团起雪球相互嬉戏，也许这正是它们格外吸引欧美游客的原因吧。日本猕猴和屋久岛猴均没有灭绝风险。在这片狭小的土地上，1 亿人在漫长的历史长河中与猴子和谐共存，不得不令人称奇。这其中或许蕴藏着在保护世界的灵长类时值得借鉴的智慧。然而，如今日本人和自然的关系已经产生了很大变化，人与猴的冲突也在日益激化。日本猕猴分布广泛，因此导致的农业损失已高达 13 亿日元。有的猕猴甚至不惧人类，还不时潜入民宅。我们日本人，似乎也有必要再度审视与猴子的关系了。

第二章

大型类人猿的森林

卢旺达、

刚果民主共和国、刚果共和国

第一节 / 隐居深山的大猩猩

在海拔将近 3000 米的高地，空气逐渐变得稀薄。沿着陡峭的田间小道攀行而上，人很快便会感到呼吸困难。险峻的山路间，不时有约人类头部大小的岩石自山上滚落。我们艰难前行了一个多小时后，四处可见简陋的土屋。孩子们见了人来，纷纷热情地挥手致意。陡峭的斜坡是当地人的农田，田间怒放着白色的除虫菊，花海间也种着些豆子和薯类。这光景绵延不绝，似乎永远望不到边际。地面散布着人们挖的洞，用来烧炭。洞中偶尔冒出烟来，令人不禁诧异这样荒僻的高地上竟还有人迹。我们不时停下来休息，断断续续地走了约莫两个小时后，突然被一面石墙挡住。出现在我们眼前的，是背着长枪、负责巡视的护林员。

将与我们同行的公园园长普洛斯珀・温格利说道："诸位辛苦了，这里是国家公园。请务必将身上携带的水、食品和拐杖等物品寄存在这里。"非洲卢旺达历史悠久的火山国家公园（Volcanoes National Park）始建于 1925 年，占地面积约 160 平方公里。公园里栖息着极度濒危的山地大猩猩，整个

国家公园和农场间的石墙，近处可见烧炭设施

种群的数量已不足900只。当地人口激增使得耕地开发如火如荼。方才见到的石墙，仿佛在凭借一己之力阻拦这场澎湃的浪潮般，努力维护着属于它的一方净土。

如今44岁的普洛斯珀告诉我们，自己大学毕业二十来岁时，便来到公园工作。他回忆道："我刚来工作时，公园足足有现在的两倍大。"从一路升高的坡道向下张望，无边无际的城镇与农田尽收眼底。

一名追踪员（tracker）告诉我们："这段山路相对艰险，还得再坚持一小段。不过我们马上就能见到大猩猩了。"火山国家公园的追踪员前几天侦察到了一群大猩猩的休憩地。他们带领着研究员和向导前进，确保游客能亲眼见到大猩猩。

如这名追踪员所述，石墙那头是一望无际的森林。我们踏过荆棘丛生的矮枝，穿过高高耸立的竹林，行进了大约 15 分钟。“接下来大家除了相机外什么都别带。大猩猩正在我们附近进食。”一名向导伸出食指示意方向。首先映入眼帘的是斜坡下方不远处两只年轻的雄性大猩猩。倏地，周围的树木一阵晃动，一只黑色的庞然大物慢慢出现在众人眼前。其中 1 只矮小些的大猩猩见罢，慌忙让开了路。一名追踪员从喉咙深处挤出“呜呜”的声音，向巨大的猩猩打着“招呼”。霎时间，庞然大物朝我们投来尖锐的目光，随后仿佛无事发生般，向周围的树枝伸出了上肢，开启了惬意的用餐时光。早已习惯人类的大猩猩欣然接受了我们。银背猩猩宽阔的背部被灰白色的毛发覆盖，在热带骄阳的照射下闪闪发光。成年银背猩猩的体重可达 200 千克。

在非洲小国卢旺达西北部与刚果民主共和国和乌干达的交界处，矗立着维龙加火山群（Virunga Mountains）。周边的森林地带便是山地大猩猩的栖息地。这片区域建有卢旺达的火山国家公园、刚果民主共和国的维龙加国家公园（Virunga National Park），以及乌干达的姆加新加大猩猩国家公园（Mgahinga Gorilla National Park）。在萨比尼奥火山（Mount Sabyinyo）、比苏奇火山（Mount Bisoke）和姆加新加火山（Mount Mgahinga）等山峰绵延组成的火山群中，最高的卡里辛比火山（Mount Karisimbi）海拔达 4500 米。

在这片高山地带的森林中，群居的山地大猩猩散布在各个角落。普洛斯珀此行带我们观摩的是有5只银背猩猩的“帕布罗猩群”，该猩群曾经的首领叫帕布罗。鼎盛时期，猩群中的银背猩猩多达13只。

有一只大猩猩从森林深处信步而来，开始进食。它叫吉丘拉席，是猩群中的二把手，不过最近正对首领坎茨比的地位虎视眈眈。吉丘拉席的手指很粗，却非常灵巧，自如地从四周摘下树叶，接连送入口中。他不时用犀利的目光扫视我们，那神情极具魄力，却始终十分安静，没有任何贸然行动的迹象。

猩群的首领、银背大猩猩坎茨比正和排第三位的银背猩猩库雷巴相依小憩。听到向导呼唤“来这边吧”，它们便起身走下斜坡，穿过竹林。雌性大猩猩都在周围进食，紧挨着它们的两只小猩猩正在嬉戏，其中一只还不满1岁。

在树枝上玩耍的小猩猩欢快地笑着。过去，我们认为“笑”是人类特有的情感表现。经证实，大猩猩、黑猩猩和倭黑猩猩这种大型灵长类有时也会发出笑声。在这里参观要遵守一项规定：人与猩猩间的距离不得少于7米。不过好奇心十足的小猩猩毫不畏惧人类，亲密地靠了过来。

库雷巴突然起身，穿过竹林下了坡，开始摘取左右两侧的叶子，津津有味地嚼了起来。从这里望去尚有一定距离，但依然能感受到它十足的魄力。库雷巴巨大的牙齿清晰可见，不过，大猩猩可是食草动物。

威风凛凛的雄性大猩猩，环绕在它们身边的年轻雄性和雌性大猩猩，以及宛如人类孩童般边笑边闹的小猩猩——眼前的光景温馨得让人不禁快要忘记，山地大猩猩已经濒危。让我们有幸看到这一幕的，是诸多研究人员历经重重波折的奉献，甚至是冒着生命危险的努力。

大猩猩的 4 个亚种

名为大猩猩的类人猿最初作为物种出现在文献中是在 1847 年。美国的传教士兼博物学家托马斯·萨维奇（Thomas Savage）在加蓬周边发现了类人猿的头骨，并将它们作为新物种公布于世。起初，大猩猩只有一个种，这些头骨所属的大猩猩与非洲东部低地大猩猩和卢旺达等国的西部大猩猩并列为三大亚种。此后，人们认为东部和西部的大猩猩从外观乃至其他各方面都存在很大差异，因此又将两者区分开来，分别称为东部大猩猩和西部大猩猩。东部大猩猩又分成两个亚种，分别是东部低地大猩猩和山地大猩猩。最近，栖居在喀麦隆与尼日利亚交界处森林地带的西部大猩猩，又被分成西部低地大猩猩（Western Lowland Gorilla）和克罗斯河大猩猩（Cross River Gorilla）这两个亚种。遗传基因调查表明，两者远在 1.8 万年前便产生了显著的差异。

东部大猩猩的亚种之一山地大猩猩主要生活在上文介绍

过的维龙加火山群，这里位于三国交界处。稍微北上，乌干达的布恩迪地区（Bwindi）也栖居着一些山地大猩猩。有的科研人员认为布恩迪大猩猩应被视为新的亚种，可这种说法的理论依据仍不充分，尚未在学术界达成广泛共识。[1]

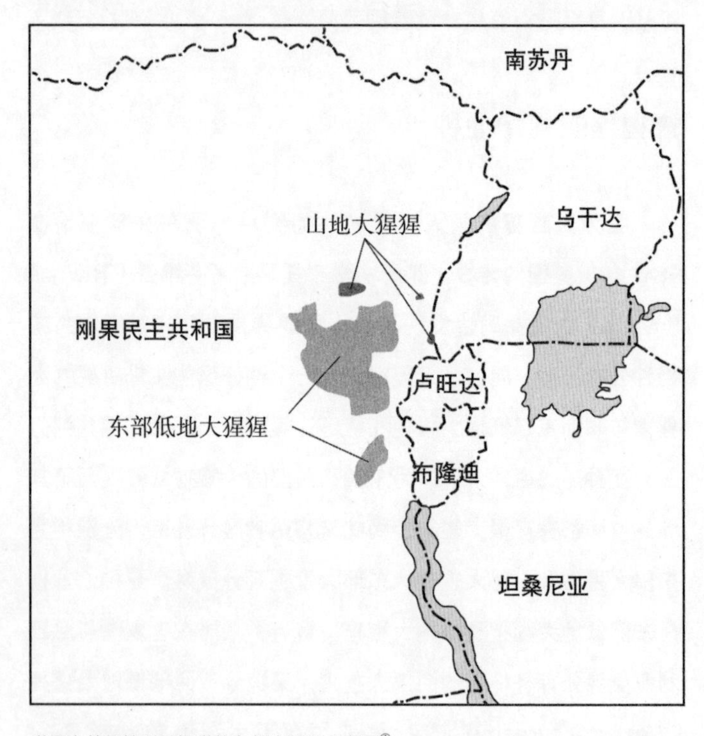

世界自然保护联盟提供的东部大猩猩分布图[1]

① 本书使用地图均为日文原版插图地图。——编者注

1959年至1960年，来自美国自然保护组织国际野生生物保护学会（Wildlife Conservation Society, WCS）的科学家乔治·夏勒最早着手研究和保护维龙加山地大猩猩。夏勒在深山中设置观测点，攀登着陡峭的斜坡，追寻猩群的踪迹。终于，他接近了大猩猩群，进行了详细的调研。夏勒的调研内容包括当地山地大猩猩的饮食习性、生活状态，以及群体的内部构造。他发现，猩群中会有一只银背大猩猩担任一族之长，族内等级森严，次序分明。夏勒将心血倾注在著作《大猩猩的季节》中，一举一动都威风凛凛的银背大猩猩、或嬉戏或打闹的小猩猩，以及漫步在森林中优哉游哉享用着美餐的山地大猩猩，书中都一览无余。他所描绘的山地大猩猩，与纷至沓来的游客在卢旺达所见的别无二致。夏勒根据实地考察的经验推算，在此栖居的山地大猩猩约有450只。

早在此时[①]夏勒便指出，人口激增与农田、牧场的急速扩张破坏了大猩猩赖以生存的家园。甚至在国家公园内部，都有偷猎者用残暴手段偷猎小猩猩。他在书中忧虑地写道："人类执拗地不断侵占着大猩猩栖居的深山，这会对它们的生活甚至生存产生极为恶劣的影响。"不幸的是，夏勒一语成谶。随着当地居民扩大耕地面积的呼声不断增高，1968年，政府决定将公园三分之一以上的面积划出去进行开发。这是一个典型案例。

---

① 《大猩猩的季节》成书于1964年。

《迷雾中的大猩猩》

紧随夏勒的步伐投入维龙加地区山地大猩猩研究和保护工作的，是戴安·弗西（Dian Fossey）。她的著作《迷雾中的大猩猩》（*Gorillas in the Mist*）及同名电影广为人知。弗西35岁时，被著名的人类学家路易斯·利基（Louis Leakey）博士挖掘，开始对维龙加靠近卢旺达一侧的大猩猩展开深入研究。最终，她消除了大猩猩对人类的高度警惕，成为第一个与它们握手的人类。这是全世界首例人类成功接近大猩猩，与其展开“交往”的案例。弗西将当时激动的心情化为文字："我终于被大猩猩接纳了。"据说利基一直将这条电报珍藏在胸前的口袋里。

此后，弗西一次又一次地揭开大猩猩生态的谜团，她与大猩猩交流的成果可谓前所未有。1967年，她在卢旺达建立了一家研究机构，命名为卡里苏奇研究中心（Karisoke Research Center），名字取自相邻的卡里辛比火山和比苏奇火山。这家研究机构几经周折，至今仍在卢旺达，是研究山地大猩猩的重要据点。

弗西将13年间倾心研究大猩猩的硕果翔实地记录在了《迷雾中的大猩猩》中。本书不多抄录，仅引用其中的引子。针对这种外形神似“金刚”，长期被人当作凶暴动物的大猩猩，弗西在文中表示："根据我的调研，这种极具威严、气势汹汹的大型类人猿个性温和，却长期受到人类莫须有的中伤。这种灵长类不是人类，却具备组织和维系群体的能力。此外，我发现它们有着人类难以想象的复杂行动模式。"伊恩·雷蒙德（Ian Redmond）作为研究人员初出茅庐时便与戴安·弗西共同行动。他在书中被赞赏为"只要猩群存在，不管离营地多远都能调查得到；只要陷阱存在，不管设置得多远都能破坏得了"的男人。伊恩曾表示，弗西的日日夜夜，分分秒秒，不仅仅倾注在研究本身，更倾注在与威胁大猩猩生存的偷猎者战斗上。

偷猎者潜入公园，捕获小猩猩，将它们卖给动物园和繁殖机构，或当作宠物贩卖。他们甚至切下大猩猩的头和手掌当作奇珍异宝。此外，当地居民会设置陷阱捕猎野生动物并食用。曾有小猩猩误中陷阱，因伤重不支而日渐衰竭，最终殒命。这些暴行都被翔实地记录在册。

300只以下

夏勒曾推测山地大猩猩的数量约为450只。弗西在1971年至1973年展开的调查则显示，其数量已锐减到275只。偷猎行为严峻到让人无法忽视，山地大猩猩离灭绝只剩一步之遥。

事已至此，弗西只能对偷猎者和布下罗网的当地居民严阵以待，并要求政府对其施以重刑。她不时会亲自对伤害大猩猩的人展开报复，与怠惰而腐败的卢旺达官员之间也势同水火。

1978 年 1 月，一只自幼便与弗西十分亲密，成年后成为一族之长的银背大猩猩迪杰特被偷猎者杀害，其头颅与双手均被无情地砍去，仅剩下残缺不全的尸首。从那时起，弗西的态度变得更加极端。她在书中写道："从那一刻起，我便彻底封闭了内心。"除迪杰特外，还有两只弗西深爱的大猩猩相继殒命于偷猎者的子弹下。

与弗西交好，在加里曼丹岛进行红毛猩猩研究及保护的先驱者贝鲁特·高迪卡斯在其著作中称："彼时起，科学家戴安化为复仇天使，展开了行动。"弗西本就患有肺部疾病，此后更是每况愈下。她孤独地守护着大猩猩，在艰难的环境中持续不断地与偷猎者进行抗争。

弗西成立了以迪杰特命名的基金会，基金会的支持者主要是发达国家的公民。她凭借这笔资金组建了巡逻队，一年半便拆毁了 4000 个偷猎者布下的陷阱。弗西对抓到的偷猎者毫不留情，称他们应尽数送审，并判以长期徒刑。

1976 年至 1978 年的调查结果显示，山地大猩猩仅剩最后 268 只。1981 年的数据更甚，已减少至 254 只，且仍有继续下滑的趋势。弗西认为："照这样的速度发展下去，不出 15 年，山地大猩猩便会灭绝。"

圣诞惨案

弗西早已取得了大猩猩研究的博士学位，不过她也逐渐明白了单凭科学根本救不了大猩猩的事实。在欧美环保团体等组织的协助下，卢旺达及刚果民主共和国（彼时的扎伊尔共和国）政府开始普及大猩猩的相关知识。两国试图开启一项重大的工程，让教育启蒙和旅游业发展双管齐下，形成保护大猩猩与促进经济发展并存的局面。弗西对此持否定态度，称这不过是“理论保护”，甚至是“漫画般的保护”。弗西深入森林，破坏陷阱，收缴武器，对一切偷猎及非法交易的勾当毫不容情。她揭露违法者的真面目，使其受到严惩，并不断强调这种“积极保护”行为的重要性。《迷雾中的大猩猩》后面的章节中，提到针对揭发偷猎者一事，弗西与卢旺达提倡保护大猩猩的人意见相左。书中描写了被逮捕的偷猎者丢了饭碗，他们无依无靠的妻小痛哭失声的情形，甚至对偷猎者死亡的场景拊掌称快。她激进的做法遭到业内同行的批判，不少学生纷纷离去。当然，这种行为也结下许多仇怨。

一如许多人曾听闻的那样，1985 年圣诞过后的某一天，弗西陈尸于卡里苏奇研究中心。坊间流传着诸多臆测，然而这起谋杀案的凶手是谁至今仍无定论。最终，弗西被葬在研究中心里她深爱的迪杰特旁，墓碑上刻着：“她比所有人都更爱大猩猩。”

【专栏】山极寿一与戴安

因研究大猩猩而享誉全球的前京都大学校长山极寿一曾师从大猩猩研究的先驱者戴安·弗西。后来，由于卢旺达内乱，山极的调研被迫终止，只能投奔邻国刚果民主共和国的卡胡兹-别加国家公园（Kahuzi-Biéga National Park）继续从事考察大猩猩的工作。

山极在投给共同通讯社的文章中表示："那时，我暗暗在心底起誓，为了不再重演弗西博士的悲剧，要做到以下几点：第一，培养本土研究人员；第二，要与当地人携手，共同推进大猩猩保护工作。"后文将详述的非营利组织波雷波雷基金会（Pole Pole Foundation）正是基于这一理念创立的。山极在日版《迷雾中的大猩猩》的解说中提及，弗西后来曾对他说："寿一，你当初不和我一起工作才比较幸福呢。"弗西当时从未考虑过与当地居民积极合作保护大猩猩，而是借助法律的权威，单方面控制偷猎者，甚至为"知名偷猎者的死"而欢欣雀跃。对此，山极始终持批判态度。

在解说中，山极写道："一如弗西博士手无寸铁地接近大猩猩一样，我们也不应该手持枪械去与猎人交涉，而是应该就维龙加的将来，心平气和地真诚与他们沟通。对于双方理念不合一事，不能一心想着如何使对方屈从，而是应该寻觅双方能达成共识的理想未来。”以山极为首，我在采访过程中见到了许多持相似态度的灵长类学者。

度过内战

弗西的努力和对此争相报道的媒体，都大幅提升了全球对山地大猩猩的关注度。从 20 世纪 70 年代后半期到 80 年代，有关人士开始密切关注大猩猩的数量，兽医也逐步展开了一系列大猩猩保护活动。90 年代后，以观赏大猩猩为主题的生态旅游如雨后春笋般日益繁盛，成了卢旺达不可或缺的收入来源。如果没有弗西吸引世人的关注，就没有大猩猩生态旅游喜人的成绩。

恰逢此时，卢旺达的民族对立露出苗头，纷争不断，国内的山地大猩猩命运更加危急。据报道，在 1990 年及 1992 年相继爆发的武力纷争中，大猩猩也惨遭屠戮。1994 年，卢旺达内战爆发，卢旺达大屠杀的受害者达百万人，暴行持续了近千日。在此期间，许多卡里苏奇研究中心的卢旺达研究员和追踪员沦为难民，纷纷逃亡至邻国刚果民主共和国。他们流离失所，甚至痛失至亲。研究项目和保护活动无奈中断。然而，即便在惨烈的战乱中，工作人员也竭尽心力，持续追踪着偷猎者。卢旺达内战对国家公园的生物多样性造成了重大打击，但尚无调研明确指出火山国家公园的环境与大猩猩受了多大的影响。不幸中的大幸，我们了解到山地大猩猩在惨烈的内战中血脉尚存，且并未因此造成数量骤减。山地大猩猩的栖息地逐渐迁移，到了远离卢旺达首都基加利（Kigali），比附近的城镇乃至比穆桑泽（Musanze）[①]更远的刚果民主共和国及乌干达共和国。或许这是由于武力冲突的双方都意识到了大猩猩作为旅游资源的价值。然而，由于内战的影响，刚刚萌芽的猩猩观光产业偃旗息鼓，卢旺达火山国家公园直到1999年才再度开放。

旅游繁盛

内战后的卢旺达幸得各方援助，卡加梅（Paul Kagame）[②]政府在紧锣密鼓的革新政策下，带领卢旺达进入前所未有的大复兴，其程度甚至被外界评价为“不可思议”。20年前死尸累累的首都基加利，如今成了非洲最干净也最安全的城市。数年前，在中国的资助下，基加利兴建了巨大的国际会议中心，不计其数的国际会议先后在此召开。会议中心旁边有家

---

① 因山地大猩猩观光旅游驰名的卢旺达北部城市，距首都基加利约有2小时至3小时巴士车程。

② 保罗·卡加梅，2000年出任卢旺达总统，任期至2024年。

来自世界各地的山地大猩猩生态追踪者

试吃大猩猩所食植物的生态旅游向导

高级酒店，里面的服务人员表示，他们时常快要忘记自己正身处非洲的一个发展中国家。

大猩猩生态旅行在世界范围内备受瞩目。前来追踪和观赏山地大猩猩的游客络绎不绝，每人每天一小时便要支付 750 美元的高额观光费。随着产业发展，追踪员、向导及护林员的水平也日益专业，进一步确保游客能在追踪旅游中，亲身感受到大猩猩的魅力。与山地大猩猩共享栖息地的金长尾猴（Golden Monkey）是另一种灵长类，其生态旅游也备受欢迎。

过去的调研数据表明，山地大猩猩的数量仅剩 400 只。2016 年发布的调查结果则显示，彼时它们的数量已上升到 880 只。卢旺达政府满怀信心地表示，维龙加森林的容纳力尚未饱和，此后山地大猩猩的数量有望收获更加喜人的增幅。在全世界大型类人猿深陷灭绝危机的困境下，卢旺达生态旅游为保护山地大猩猩发挥了重要作用，俨然成为奇迹般的保护濒危猿类成功案例。

每年 9 月，在火山国家公园山麓处的城市穆桑泽都会为新生的小猩猩举办“命名盛典”①。卡加梅总统和来自国内外的猩猩保护人士均曾受邀到典礼现场为小猩猩取名。首都的机场、街头巷尾乃至通往穆桑泽的大路上，都贴满了猩猩的照片及海报。这可谓是上万人共同参与的盛典。2016 年的典礼

① 源自卢旺达为新生儿命名的传统“Kwita Izina”。

上，等待命名的小猩猩多达 22 只。卡加梅总统出席并在典礼上强调了大猩猩的重要性，并向投身保护活动的人士郑重致意，感谢他们为这项事业付出的心血。

旅游业的影响

卢旺达大猩猩的未来看似一片光明，不过即便数量节节攀升，现存数却依旧只有区区 900 只，卢旺达也仍被许多不安因素笼罩。忧患之一依然是国家贫困和人口数量的急剧增加。卢旺达的国土面积很小，仅 26300 平方公里，尚不足北海道的三分之一，居住人口却高达 1178 万人，是北海道的 2 倍。卢旺达不仅是非洲人口密度最大的国家，其人口数量还在以每年 2.7% 的增长率节节攀升。更糟的是，卢旺达有大片国土是山地。

海外游客慕名来体验大猩猩生态观光，穆桑泽遍布为他们开设的酒店和餐厅。一旦离开这座城市，驱车前往维龙加，路边的风景相较城中可谓云泥之差。飞沙漫天的道路两侧尽是农田，一眼望不到边际。沿途可见不少女性领着孩子，她们身着民族服装，头上顶着汲水的容器，尘土满面。有的孩子甚至赤裸着双足。在繁荣的首都基加利抑或穆桑泽都难以想象的贫困光景，此刻尽数展露在人们眼前。这贫困的景象直抵国家公园，可以说公园和农田间根本没有缓冲地带。持续增长的人口使公园承受了不小的压力。气候变化带来了更多干旱、暴雨等自然灾害，严重时贫困的农户甚至一天就尽失口粮，这种情形已非个例。伴随着国家经济的高速发展，城市富人阶层和偏远地区农民之间的贫富差距骤增。农民要求国家赋予他们新的土地，这对政府而言着实是难以应承的艰巨要求。

公园园长普洛斯珀表示：“大猩猩虽不时溜进田间，毁坏农作物，但真正导致大问题的其实是公园内的野牛。野牛出没频繁，对农作物造成的损害远比大猩猩大。农民的不满难以抑制地日益增长，对受到影响的人而言，已经越来越难相信国家公园存在的必要性了。”大猩猩生态观光收入的一部分会回馈给故土，为学校、会场等地方建造了储存饮用水的水箱。不过据说这部分金额尚不足产业收入的 10%。

普洛斯珀提出，除生态观光外，应致力开拓与此相关的新型产业，进一步实现增收。但这又谈何容易。

戴安·弗西深恶痛绝的钢制套索陷阱，迄今仍被偷猎者广泛使用，令公园中暗藏无声的杀机。陷阱本用于捕猎羚羊，并非针对园中的大猩猩，然而大猩猩却有可能误中陷阱，失去手足，因伤势过重而死亡。这对类人猿来说极其危险。卡里苏奇研究中心及其运营者戴安·弗西基金会的追踪员们，至今仍在为寻觅和拆毁林中的非法陷阱而不断奔走，仅一年便能发现 1000 个陷阱。相关人士表示，该数据近年来仍在持续增长。在人手本就紧缺的情况下，研究中心还要严防偷猎，甚至不得不派遣专人来拆除陷阱。

山岳地带的烧炭设施

万幸的是，卡里苏奇研究中心表示 2016 年并无大猩猩因手足被钳制而死亡。不过在过去的 10 年间，曾两度发生过这种悲剧。12 月末，有追踪者在其密切观察的某大猩猩群附近发现了陷阱，以及被陷阱所困的小型羚羊灰麂羚（Duiker）。追踪者当着大猩猩的面，将小羚羊从陷阱中解救了出来。时至今日，非法陷阱依旧对大猩猩有着巨大威胁。

当地的力量

过去，牵头大猩猩研究保护工作的是主要来自欧美、偶有来自日本的研究人员。内战结束 20 年后，卢旺达政府逐渐复苏。应该由卢旺达人和卢旺达政府主导大猩猩研究及观光产业的呼声越来越高。2012 年，长期由海外研究员担任所长一职的卡里苏奇研究中心迎来了首位卢旺达所长。这也呼应了卡加梅总统认为研究中心应由卢旺达本地人管理的强烈愿望。卢旺达研究和保护大猩猩的能力逐步提高，这本身令人欣慰。但也有研究人员表示，政府过度干预当地的旅游业，甚至带来了一定负面影响。

2011 年，我来到维龙加取材，调查了大猩猩保护、研究及旅游业的相关情况。森林中，躺着吃东西的巨大银背猩猩突然坐起身，跨到向自己靠近的雌性身上交配起来；旁边一只刚当了母亲的大猩猩紧紧抱着刚出生不久的孩子；小猩猩蹿上成年猩猩的背，跳上树尽情嬉戏，那模样看起来比任何动物的幼崽都更加惹人怜爱。猩群中，一只小家伙不晓得从何处捡来顶军帽，爱不释手地抱着它走来走去，甚至像打鼓一样，有节奏地敲击头盔。不料另一只年纪稍长的小猩猩发现了头盔，一把将它抢了去——这一系列活动都与人类的小孩别无二致。围绕着巨大银背猩猩的猩群在这片森林中和平而自在地生活着，这场景确实值得外国游客不远千里而来。

不过，当时的观光费用是一小时 450 美元，比现在便宜了近 300 美元。进入大猩猩的栖息地前，需要学习和了解诸多注意事项。其中最重要的，便是“要与大猩猩保持 7 米以上距离”

的准则。游客脚下有7米长的木尺，连接着大猩猩图案的牌子，使所有游客都能对7米这段距离产生概念，这是进入森林的前提条件。彼时，向游客开放的大猩猩群共计8组，1队游客最多不得超过8人。游客小队与以调研为目的的追踪员小组不得混同。一旦遇到大猩猩，游客必须严格服从向导的指示，在大猩猩附近接触的时间长短也受到精确限制。

然而五年后，包括曾经的研究群组在内，几乎所有的大猩猩群都面向游客开放了。各个参观小队的游客数量也变得“相当灵活”（参加者语），有些超过了8人。“7米训练”的教学场地仍树着大猩猩的牌子，不过7米长的木尺已失了踪影。观光人数的增加带来了不菲的收益，个中诱惑不言而喻。

虽未亲眼得见，但据追踪员所述，近年甚至有越来越多的访客走到距大猩猩1至2米的超近距离，这显然是个大问题。一方面，导游想让游客增强观览体验，留下美好的回忆；另一方面，大抵也是想获得高额的小费吧。

更令人忧心的是，部分类人猿生态旅游线路中游客本应佩戴口罩，但始终有人对此置若罔闻。若游客过分接近大猩猩，人类身上的流感等疾病可能会传播到大猩猩身上，发生意外事故的风险或进一步扩大。生态观光旅游是保护类人猿和促进当地经济发展的重要手段，卢旺达便是典型的成功案例。不过，观赏的对象毕竟是高度濒危的大型野生动物，人类必须把握分寸，恪守相关准则。

高涨的风险

卢旺达大猩猩命名盛典现场的取材工作圆满结束后，我回到了火山山麓城市穆桑泽的酒店。电脑中有一封 2016 年 9 月 4 日世界自然保护联盟发来的邮件，标题是《6 种大型灵长类中已有 4 种濒临灭绝》。

邮件显示，2 天前，山地大猩猩和东部低地大猩猩作为两个亚种划入东部大猩猩种，该种数量锐减，由非灭绝物种中的第二级“濒危”，“升格”至第一级“极危”。

虽然山地大猩猩的数量相对稳定，但居住在刚果民主共和国等地的东部低地大猩猩的处境却每况愈下。这也是种数量深陷危机的主要原因。

目前，灭绝风险最高的 4 种大型灵长类分别是东部大猩猩、西部大猩猩和下文将介绍的苏门答腊猩猩、婆罗洲猩猩（Bornean Orangutan）。此外还有倭黑猩猩和黑猩猩两种灵长类为非灭绝物种中的第二级“濒危”。大型类人猿保护状况正在持续恶化。本章余下 2 节将介绍另外 3 种面临高度灭绝风险的大猩猩。

第二节 / 低地大猩猩

“我在刚果时，那里的士兵说如果有大猩猩靠近，就朝它们开枪。有人说杀了大猩猩可以分食它们的肉，有人则一声不吭地递来了枪。射杀树上的银背猩猩，据说可以卖到500美元，我却从没见有人出过这么多钱。射杀大猩猩后，我将它直接卖给了刚果的士兵。”因卢旺达战乱而逃到刚果民主共和国的塞缪尔在2010年于联合国环境规划署（United Nations Environment Programme, UNEP）发表的报告中，详述了他在刚果的种种经历。报告同时指出，与山地大猩猩同属东部大猩猩亚种的东部低地大猩猩数量锐减。对此，环境署派遣调查小队进行了有组织的调查。队员中包括年轻时曾与戴安·弗西一同在卢旺达研究山地大猩猩，同时也是迪杰特尸体第一发现人的伊恩·雷蒙德（Ian Raymond）。

最大的灵长类

东部低地大猩猩是东部大猩猩的另一个亚种，其中的银背猩猩体重或超过 220 千克。不光是在大猩猩 4 个亚种中，它们甚至在现存灵长类中都是体型最大的。

东部低地大猩猩仅存在于刚果民主共和国东部，它们既适应低地的热带雨林，也适应高地的山林，能够融入栖息地的各种环境中。过去，它们主要分布在以刚果民主共和国东部为中心的大片区域内。马伊科国家公园（Maiko National Park）[①] 和卡胡兹－别加国家公园等几家以保护大猩猩为主要目的的保护园区均建立在这里，不过它们的栖息地不仅限于此。蒙博托（Mobutu Sésé Seko）[②] 政权为打造大猩猩栖息地而在 1970 年建造的卡胡兹－别加国家公园是最有名的保护区，这座占地面积达 600 平方公里的公园在 1980 年成为世界自然遗产。1975 年，公园面积急速升级，足足变成原来的十倍大。这也是刚果民主共和国政府以大猩猩为中心，积极推动旅游业发展的表现。

乔治·夏勒早前曾推测过东部低地大猩猩的存世数量。

---

① 刚果民主共和国的国家公园，位于国家东部的偏远林区，始建于 1970 年。

② 刚果民主共和国总统（1965~1971）和扎伊尔共和国总统（1971~1997）。

他在 1963 年发布的论文中非常粗略地提到，该种群数量约为 5000 只至 15000 只。1995 年，在充分汇总和归纳了整体调研成果的基础上，夏勒公布了新的推算数据，为 16900 只（在 8860 只到 25500 只的范围内）。

手机与大猩猩

环境署的研究小组展开了各种各样的采访和实地考察。研究表明，采掘当地钻石和钶钽铁矿（Coltan）等自然资源、砍伐森林和生产木炭都属于“环境犯罪”。围绕利益点，政府和许多武装势力冲突不断，这也是大猩猩数量减少的一大原因。

根据这份报告，放眼刚果民主共和国东部，东部低地大猩猩的栖息地主要处于反政府武装势力直接控制或影响力很大的地域，中央政府鞭长莫及。该地区的各个国家公园内外都蕴藏着丰富的金矿、钶钽铁矿和锡石（Cassiterite）矿，采掘活动直接导致生态环境被破坏。特别是东部低地大猩猩重要的栖息地、本应受到保护的卡胡兹 – 别加国家公园内外及周边地带，钶钽铁矿和锡石矿数量巨大。钶钽铁矿是含钽元素的矿物质，钽的耐久性极强，适合储蓄电力，广泛用作电子产品的小型电容器，几乎所有手机和电脑都使用了钶钽铁矿。锡石则是一种锡氧化矿物，除作为原料外，还可以制成装饰品。近年来，以发达国家为中心的世界市场对钶钽铁矿和锡石的需求量激增，这也成为采矿者不顾生态环境，加速采掘的原因。报告显示，荷兰、比利时与澳大利亚等多国企业长期在这片地域收购钶钽铁矿和锡石，向世界市场流通。文中警示道："刚果（民主共和国）东部的矿产是纷争的核心。欧盟和亚洲企业投入的资金导致当地的环境犯罪日益严重，加速了对大猩猩栖息地的破坏，助长了一系列残虐行为。"当然，日本也在进口相关产品，因此可以理解为，日本的消费同样助长了破坏大猩猩栖息地的行径。

丛林肉

报告还指出："因丛林肉（Bushmeat）交易被杀也是大猩猩数量减少的主要原因之一。"对于当地土著来说，狩猎大猩猩可以果腹，丛林肉提供的蛋白质十分珍贵。不过，近年来丛林肉交易产生的消费已和原本单纯的狩猎大相径庭。以伐木和挖矿为目的扎营的劳动者、反政府武装组织、民兵，因刚果民主共和国国内和周边国家政局动荡而逃来此地的难民，以及急速增加的城市人口，这些都意味着更多口粮的消耗。丛林肉的狩猎范围随之扩大，带来大量的丛林肉交易。这直接导致生物种群数量的减少。有数据显示，国家公园中高达 80% 的动物消失了行迹。这片许多生物赖以生存的家园——广阔的热带雨林与刚果河（The Congo River）流经的区域成为世界丛林肉狩猎的一大核心地带。据推算，每年在刚果河流域交易的丛林肉最高已上升至500万吨。当然，包括大猩猩在内的大型灵长类动物的肉只是丛林肉中的一小部分，约占总体数量的0.5%至2%。不过个数越是少，繁殖与成长周期长的生物，受到的影响就越恶劣。报告指出："该地区每年被杀的大猩猩数量或上升至300只。"2009年，环境保护团体在调查结果中推测，刚果民主共和国西北部有62只大猩猩被杀，占总数的5%。

长期在卡胡兹－别加地区研究大猩猩生态的山极寿一来自京都大学，是世界知名的大猩猩权威专家。1999年，山极在提到国家公园大猩猩接连被杀一事时指出："猩猩肉卖得比牛肉还廉价，频频出现在各个露天市场。"他表示，1988年刚果民主共和国爆发的第二次大规模内战是该现象的导火索。反政府势力控制了这片土地，公园的护林员失去武装，偷猎开始横行，大猩猩成了他们的目标。不幸的是，作为研究和生态旅行的核心地带，此地亲近人类的大猩猩占绝大多数，因此被偷猎者当成最初的目标。与生态旅行相关的大猩猩也最早遭到武装集团的袭击。对此，山极记述道："他们杀死大猩猩，剥皮、熏肉，将不计其数的猩猩肉送往公园周边的市集。这说明狩猎的目的已纯粹沦为牟利。"他指出，亲近人类的4个猩群中原本共有96只大猩猩，1999年已减少至8只。

另外有 94 只可被研究人员识别的大猩猩在短短 1 年间急速减少至 30 只。

山极指出："长期以来，大猩猩被当地人视作未来重要的旅游资源。因此，即便再怎么反感公园，当地人也隐忍不发，没有对大猩猩开过火。这一次的事情导致这条默认的规则分崩离析，这也预示着当地人与野生动物和谐共生的未来化作了泡影。"

木炭制造

以生产木炭为目的砍伐森林的问题也十分严峻。有关人员指出，过度伐木同样加剧了对大猩猩栖息地的破坏。刚果民主共和国的木炭交易短短一年便能带来 3000 万美元的巨额收益。比起东部，以获取木材为目的砍伐森林的问题在下节即将介绍的西部大猩猩栖息地更加严峻，包括刚果民主共和国西部、刚果共和国和喀麦隆。东部低地大猩猩的栖息地周边有不少地方将砍伐权卖给了企业，反政府组织控制的土地也一样。诚然，国家公园内部不会允许砍伐森林，可报告指出："严禁伐木的法律执行力很弱，即便是在国家公园内部，也频频有价值不菲的树木遭到砍伐，冒充从正规采伐地获得的木材输向海外。"经推算，违法砍伐的木材量几乎与合法交易的数量相当。

资金源

环境署的报告显示，控制大猩猩栖息地的民兵组织和反政府组织在路上设置了关卡，向过路者征税。他们向木炭及矿物产业征收高昂的税金，牟取暴利，这也是纷争日益激化的原因之一。民兵组织仅从木炭产业征收的年税就高达 400 万美元，其规模可见一斑。经由这些渠道流入国际市场的矿物与木材总量上升至刚果民主共和国合法出口的 2 至 10 倍。如果算上卢旺达和布隆迪等周边国家，其规模可达数亿美元。钶钽铁矿、黄金、钻石和木材等物资最终流向欧洲、中东和其他亚洲各国的市场。

环境署根据 2002 年刚果民主共和国森林砍伐数据推测："2032 年，人类尚未触及的大猩猩栖息地将仅剩原来的 10% 左右。"该报告还总结："不过，综合考虑违法砍伐、木炭制造、丛林肉捕猎和矿物挖掘等因素，上述预测未免过于乐观。"报告进一步警示："如不痛定思痛，及时采取行之有效的措施，那么 2020 年至 2025 年，许多大猩猩群将面临灭绝风险。"对此，报告持续呼吁刚果民主共和国政府和国际社会进一步加强保护措施。

联合国环境署关于偷猎问题的报告。标题为《大猩猩最后的净土：刚果盆地的环境犯罪与斗争》

与当地居民携手

严峻的形势仍在持续。2000 年后，刚果民主共和国对东部低地大猩猩的保护在以微弱之势继续。1999 年，刚果民主共和国的国家公园内发生了惨绝人寰的恶劣事件，大量猩猩惨遭屠戮。公园作出决断，公开呼吁："如偷猎者弃暗投明，那么当局将网开一面，将其雇为护林员。"据山极描述，67 名偷猎者中，有 45 人响应了号召，正式被聘为公园的员工。此后，卡胡兹－别加国家公园的偷猎行为大大减少了。

在悲剧发生之前，山极便持续推进着研究和保护行动。1991年后，刚果民主共和国政局动荡。1996年由于内战，调查被迫终止。1992年，山极协同当地居民，创立了非营利组织波雷波雷基金会。基金会展开一系列自然保护活动，旨在使人类与大猩猩和谐共存。山极解释，“波雷波雷”在斯瓦希里语中是“慢慢”的意思，用关西腔讲则是“慢悠悠”。基金会的名称，强调了他们不求立竿见影取得成效，而是慢慢推动运动发展，逐步扩大影响这种不急不躁的心态。

国家公园惹得许多民众反感，且这种反感随着时间的流逝而进一步增强。反感者包括因居住地被占用而被迫迁走的当地居民，以及因保护区溜出来的野猪而遭受农作物损失却抱怨无门的农夫。基金会的建立也正是以此为契机。成立以来，基金会向卢旺达涌入的难民分发柴火，说服他们不再以获取燃料为目的去砍伐园内的树木，同时，向狩猎采集者[①]的妻子和家属传授裁缝手艺，使她们能为公园的工作人员缝制制服，展开新事业。此外，聘偷猎者为公园员工也是波雷波雷基金会成员的倡议。1993年，山极在日本建立了基金会支部，通过募捐和贩卖周边商品来支持总部的活动。

---

① 指大部分食物是通过采集或捕猎获得的人群。

减少 77%

内战之火连年不绝，政局也动荡不宁，山极等人和其他来自海外的研究员不得已撤离一线，针对大猩猩栖息地展开的长期调查也被迫终止。不过，2015 年野生动植物保护国际（Fauna & Flora International, FFI）与刚果民主共和国政府联手，在 2010 年至 2015 年各项数据与资料的基础上，通过各种各样的方法推算了东部低地大猩猩在全部栖息地内的存数，结果如下："大猩猩的数量推测仅余 3800 只（1280 只至 9050 只范围内），相较 1995 年的推算结果 1.7 万只减少了 77%。"这一数据令人瞠目结舌。研究小组指出，除黄金、钻石外，手机等电器不可或缺的原料钶钽铁矿和钴矿不断被开采，小型矿山的采掘范围持续扩大是导致大猩猩数量锐减的原因。必须进一步强化法律的执行体制，新的保护区也亟待开发。此外，企业自觉配合，不再违法购入矿物，同样是助力大猩猩保护的关键要素。

如上节结尾所述，2016 年 9 月，世界自然保护联盟将东部低地大猩猩的濒危程度提升至最高，正是基于由上述数据得出的结论。

接连不断的内战、不安的政治局势以及人口增长的压力不容忽视。在一系列危机下，东部低地大猩猩已如风中之烛。

冒着生命危险守护国家公园的护林员，支持着他们工作的研究者，再加上公民团体三方同舟共济，是拯救该种群的关键。不过这就好比持续低空飞行的飞机，此刻虽性命无虞，却依旧缓缓地下坠着。在飞机轰然坠地前，痛定思痛，采取切实的保护措施才是挽救一切的不二法门。人类明天的命运尚无定数，在如此艰难的处境下，保护大猩猩又谈何容易。为了此地大猩猩的将来，最重要的是稳定政局，开创让当地居民可以安心生活的环境。这离不开刚果民主共和国人民的努力，也离不开国际社会的支援。

第三节 / 湿地大猩猩

湿地四处遍布着小小的水洼，仿佛细小的河流编织而成的大网。深邃的森林中，一头大象庞大的身躯出现在我们的视野里，摇摇晃晃地朝池塘走去。先来的一头稍小的象被这只大块头的体型所慑，匆忙离开，逃进了旁边的水池。湿地里回荡着两头象的长鸣声，似乎连空气都被震得微微发颤。大象缓缓将头部沉入池中，长长的象牙在日光的照射下发出夺目的光芒。水底布满了富含矿物质的堆积物，大象用灵活的鼻子将其卷入口中。

稍远的草地上，大猩猩一家 10 口正享用着美餐。远远眺望这一家子，能清晰地看见体型巨大、沉着而庄重地环视四周的银背猩猩，骑在母亲背上的猩猩幼崽，相互嬉戏的两只年轻猩猩，以及双臂左右抱着一对双胞胎的猩猩母亲。大猩猩在森林和湿地的交界处生活着，平静的日子仿佛能永远持续下去。

这里是非洲中央的刚果共和国。从该国的首都布拉柴维尔（Brazzaville）出发，飞过赤道，转乘车辆和小独木舟，辗转两天便能抵达该国北部的诺娃贝尔多基国家公园（Nouabalé-Ndoki National Park）。这里是许多非洲大型濒危动物栖息的圣地。乘着小独木舟顺川而出，映入眼帘的，是一只坐在附近树上的黑猩猩。它微垂下头，眺望着我们。大猩猩、黑猩猩以及非洲象都是濒危的大型动物。四周的森林郁郁葱葱。我们迎着清新的空气，凝望着澄澈的川流，随小船驶入了恩多基河。当地居民摩本伯格站在船头，用手掬起一捧河水，送到嘴边。从他手中滴落的水珠被日光照射得光彩夺目，落入河中，激起零落的浪花。摩本伯格告诉我们："以前所有河水都能入口，现在不行了。不过这条河还可以。"步入这片土地的瞬间，我便被此地生物的多样性震撼，不禁为森林的美妙绝伦倾倒。

桑家河与恩多基河作为刚果河这条非洲大河的两条支流，滋润着国家公园的一草一木。对长居林中的土著居民来说，"恩多基"的含义是"恶灵"。郁郁葱葱的森林和无所不在的湿地阻止了人类入侵的步伐，让这里保持着最原始的形态。这片聚集着象群、猩群、鳄鱼、水獭和各种鸟类的湿地名为"拜伊"。大象四处漫步，将湿地搅成网状分布的浅池和大大小小的水洼。随着周围森林砍伐的加剧，1993 年成立了诺娃贝尔多基国家公园。2012 年，在喀麦隆共和国与中非共和国的交界处成立了另一个国家公园。两座公园的占地面积达 2.5

万平方公里。联合国教科文组织将这片地域列为世界自然遗产“桑加跨三国保护区”（Sangha Trinational）。

我造访此地是在2013年的9月。刚果共和国处于北半球的部分刚进入雨季的某天，我得到特殊许可，可以在研究用的木塔里度过一整夜。从那里能眺望到整个拜伊，大猩猩、大象、羚羊，还有褐色毛发闪着耀眼光泽的林羚（Sitatunga）都能尽收眼底，令人心旷神怡。

青蛙有节奏的呱呱声响彻四周，虫鸣此起彼伏，时而有黑猩猩的叫声。夜深人静，突如其来的暴雨划破漆黑的夜空，冲刷掉了除雨声外的一切声响。暴雨持续了整夜。次日，拜伊在清晨的雾霭中苏醒，触目皆是早早出动吃草的动物们。

我们仔细观察着拜伊的野生动物，也发现了5名卸下枪支的国境警卫军。

“不远处就是我们和中非共和国的边界，所以要强化这里的警备。昨天有伊斯兰民兵组织的逃兵乘船来到这里，被我们抓获了。”

邻国的政变，被大量屠杀的象群，种种悲剧对刚果拜伊和居住在此的生物来说，都是潜在的不安因素。

树上的大猩猩

西部大猩猩是另一种大猩猩，其分布如下文图示，明显

当地居民乘独木舟渡河

可见它们距东部大猩猩的所在地十分遥远。西部大猩猩的栖息地是刚果河中下游流域、刚果共和国、喀麦隆、中非和加蓬等广阔的热带雨林地带。这片低地的海拔约为 100 米至 700 米，范围有 70 万平方公里。2015 年的种群数量阶段性推测为 9.5 万只，比起东部大猩猩来说要喜人得多。日本动物园的大猩猩基本都是西部大猩猩。西部大猩猩周身漆黑，只有头顶泛着红褐色，这是它们外形最显著的特征。银背猩猩则从背部到尾巴都是白色的。

20 世纪 90 年代中期，西部大猩猩的数量始终保持稳定。不过近年来，研究人员发现其数量在急速减少。世界自然保护联盟在 2007 年将西部大猩猩的濒危级别提升至非灭绝物种中的最高级“极危”，即“在不远的将来面临极高的灭绝风险”。

与山地大猩猩不同，西部低地大猩猩多生活在树上。低地的热带雨林对它们来说是非常重要的栖息地，不过刚果河流域的低地热带雨林正以超乎想象的速度遭受着破坏，其严峻程度不亚于南美的亚马孙丛林。过度砍伐使森林岌岌可危，西部大猩猩的栖息地更是受到了严重的影响，这也是西部大猩猩数量锐减的原因之一。

科学家的警告

“非洲西南部的森林地带是西部低地大猩猩和黑猩猩赖

以生存的家园。在过去不足 20 年间，这两种猩猩的数量减少了将近一半。”2003 年 4 月，美国普林斯顿大学（Princeton University）和环境保护团体国际野生生物保护学会的研究小组在英国科学杂志《自然》（*Nature*）中发表了上述调查结果，并警示：“如无法立即寻求并采取行之有效的保护措施，我们的子孙恐怕要活在一个没有大猩猩或黑猩猩的时代了。”

小组的调研结果显示，加蓬和刚果共和国对森林地带即大猩猩家园的保护相对完善。这也是八成以上大猩猩生活的区域。从 1998 年到 2002 年，小组对总计约 4800 公里的森林进行了实地考察，对大猩猩等动物的栖息地展开了调研。

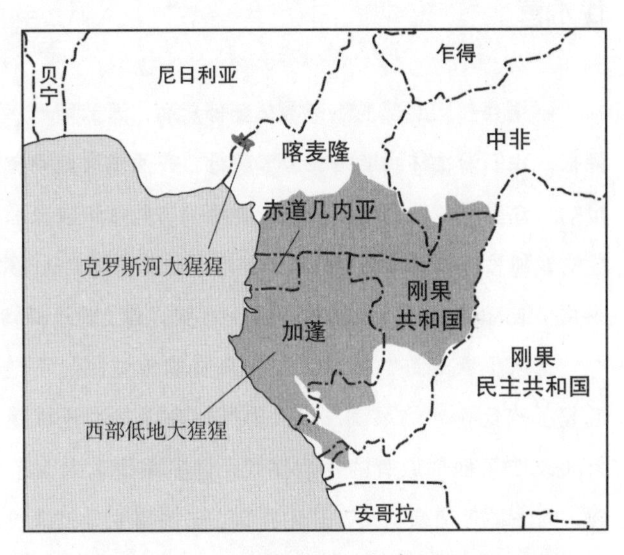

世界自然保护联盟提供的西部大猩猩分布图

他们对比了 1981 年和 1983 年的结果，判断两种大型类人猿的数量至少减少了 56%。从遭遇两种大猩猩的频率来看，它们的栖息地在大部分地域中缩小了，种群也更加零落。科学小组预测，照这种趋势恶化下去，今后 30 年间，两种大猩猩的数量将减少 80%。

政治局势持续动荡，针对大猩猩的保护活动和调查研究举步维艰。为获取丛林肉而偷猎、开垦农田、开采矿物和砍伐森林等行为进一步对其栖息地造成了破坏。将西部大猩猩逼入绝境的因素，与上一节中威胁东部大猩猩的因素基本一致。

伐木营

刚果共和国北部的热带雨林郁郁葱葱，遮云蔽日。暮色降临，我们沿着林间道路乘卡车前行，在两侧看到手持霰弹枪的一众男子。他们脚下横着灰麂羚、小型猴子以及形形色色的战利品。由于非洲对丛林肉的需求逐渐增加，2013 年刚果共和国内狩猎野生动物的场景屡见不鲜，碰上也不算稀奇。

猎人们都是许久前就定居在森林的原住民。不过，最近起了砍伐树木的风潮，猎人们开始在森林中搭帐篷，这大大改变了他们原有的生活模式。许多采伐工人为了吃到肉，向当地人借来枪支，开始狩猎。一头猎物太过廉价，仅能在市场上卖到一瓶水的价格。对远离城镇，食物供应严重不足的伐木工人来说，寻找丛林肉之外的动物蛋白质非常困难。森林砍伐和丛林肉狩猎被称为“破坏环境的硬币两面”。

政府定期管理着一部分狩猎活动，管理范围包括维持动物的种类和数量。但由于规则过于宽松，又不是必要义务，这一举措并未遏制住狩猎扩大的势头。

国际野生生物保护学会刚果分部的西园智昭表示：“虽说在没有许可的情况下不能捕猎那些受保护的动物，不过我认为猎人们不会主动去申请许可。丛林肉狩猎的扩大不仅增大了感染的风险，对森林生态系统也产生了十分恶劣的影响。”

“我心想扎了营帐，肯定有什么活儿能做做才跑了过来，”其中一个猎人，寡言的尼扬加·加托说道，“结果我并没有参加狩猎活动。本来就不是特别擅长捕猎，最近林子里的动物还越来越少。”

翌日清晨，我们造访了离采伐营最近的城镇波可拉，去市集一探究竟。巨大的帐篷下站着许多卖家，身前是木质的摊位。他们高声叫卖，出售着形形色色的商品。市场从一大清早，便汇集了为购买口粮而来的熙攘人群。

每家摊位上，除了灰鹿羚和猴子，还摆着野猪、鳄鱼等各种各样的动物肉。此外，还有许多焦黑的熏肉。一名女性卖家用手边的刀插起一只野猪的头颅，向路过的我们展示着商品。

在森林中捕猎野生动物的丛林肉猎人

放眼望去，尽是将小型猴子和灰麂羚等动物填满手推车，推车前行的孩子，以及将动物尸体切成细条的女性。络绎不绝的客人则将买来的肉一点点装入囊中，带回家去。

附近遍地都是贩卖野味的餐厅。打开菜单，灰麂羚肉排、刺猬汤等菜式应有尽有。有个客人告诉我们："人类饲养的鸡和猪又贵又难吃，根本难以下咽。相比之下，这儿的野味要实惠得多，味道也好得很。"食客一边说着，一边舀起汤里的丛林肉给我们看。在这里生活期间，我们亲眼见到了许多人与野生动物密切接触的场景。

1980 年以前，人类尚未踏足这片地域，这里四处皆是无尽的热带雨林。到了 20 世纪 90 年代，刚果河流域的森林砍伐范围急速扩大。东南亚和亚马孙的森林资源逐渐减少，使得世界将目光转向刚果河流域。此处有世界第二大热带雨林，可以大量提供木材。加蓬等以石油出口作为主要收入来源的国家由于石油产量减少，开始推动木材砍伐及道路建设相关技术的发展。1991 年至 2000 年，这里的森林制品产量提高到原来的整整两倍。国家政局不稳和腐败现象频发成为违法砍伐森林的温床。从古时起便自然生息的森林中，突然出现了人造的采伐道路。宽阔的道路纵横交错，四通八达。森林深处设置了采伐营，大量采伐工人接踵而至，附近甚至出

每天交易大量丛林肉的市场

热带雨林中心的大规模采伐道路以及被搬运的木材

现了为支援企业活动而兴起的城镇。许多时候，工人和城镇居民的日常食材与蛋白质来源都是森林中的野生动物。为了提升捕猎量，丛林肉狩猎的规模也急速扩大。与此同时，新开拓的道路也导致偷猎者能更方便地深入森林，那里有着更多隐秘的生物。偷猎问题日益严峻。非洲随处可见的情景可以说在刚果河流域最为显著。据调研，近年来，森林地带的丛林肉开始受人追捧，以高价风靡于都市的富人阶层甚至海外。

现在的丛林肉狩猎相较过去森林原住民的捕猎行为，已成为截然不同的活动。以前，狩猎的对象多为灰鹿羚、羚羊和一些小型灵长类。如今，大猩猩和黑猩猩等大型灵长类也难以幸免。

世界自然保护联盟指出："即便大猩猩是受到法律保护的

动物，依然有不法之徒在暗中偷猎和捕获。丛林肉狩猎盛行是西部低地大猩猩数量减少的主要原因，以现在的捕获程度来看，这种行为是不可能长久的。”

因极端宗教武装势力暴乱，中非共和国陷入内战。2016年7月，一只银背猩猩被偷猎者所杀。由于“人猩互动”的逐步推进和猩猩观光旅游的日益繁盛，这只银背猩猩已广为人知。根据邻国喀麦隆的报道，2015年，在为期4个月的偷猎举报中，共查抄出了24颗大猩猩的头骨。

专家预测，刚果河流域诸国的木材产量今后也会逐年增加，人口数量也有上浮倾向。这片区域的许多国家都为政情

负责检查是否违法砍伐木材或偷猎动物的工作人员

不稳所苦，政府也鲜有余力监管所有的违法砍伐和偷猎行为。森林的过度开发、违法砍伐，以及同步发生的大规模丛林肉狩猎和偷猎行为亟待管控。这依旧是目前保护西部低地大猩猩的重要任务。与刚果民主共和国等国相同，杀死大猩猩的是人类，守护大猩猩的同样也是人类。不过毋庸置疑的是，稳定此地各国的政治局势，消除贫困，以及保证当地居民的人身安全，其重要性要远远高于大猩猩保护。

威胁升级

与西部低地大猩猩相关的新闻也不仅仅是坏消息。2008 年 8 月，国际野生生物保护学会公布了一项发现，在刚果共和国北部的热带雨林新发现了猩群，总数近 12.6 万只。国际野生生物保护学会在 2006 年至 2007 年与刚果政府合作期间，主要通过调查猩猩栖息地的方式推算其数量。研究人员查明，大猩猩主要栖息地的总面积是 4.7 万平方公里，约合日本国土面积的八分之一。每平方公里就有 8 只大猩猩，这是世界范围内生物分布最密集的地区。

不过，它们面临的问题依然十分严峻。许多保护人士始终都在为全球变暖（气候变化）给生态系统带来的影响感到忧虑。在这片大猩猩赖以生存的土地上，热带雨林为维持其构造需要一定的降水量。现有的降水量只能将将满足雨林的需求，若未来的气候再变化，降水量再减少，那么森林或将大范围消失。

东南亚的热带雨林正渐渐消失，其生物多样性正在不断减弱，最大原因便是油棕属（Oil palm）植物生长范围的扩大。这种现象在非洲也十分突出。油棕属植物对残存的雨林和大型灵长类来说不啻新的威胁。事实表明，威胁大猩猩生存的事物有增无减。

埃博拉出血热

2014年，塞拉利昂等西非国家爆发了埃博拉出血热，这场夺去无数生命的悲剧至今令人记忆犹新。与人类相似度极高的大猩猩也成为埃博拉病毒的牺牲者。2002年至2004年，这里的西部低地大猩猩同样被埃博拉出血热侵袭，许多猩猩不幸死去。这成为大猩猩总体数量减少的又一大原因。

2006年，加蓬和欧洲的研究小组在美国期刊《科学》（*Science*）上发表了一篇论文。文章称，肆虐人类的埃博拉病毒席卷了刚果共和国的自然保护区。经测算，从2002年到2005年，因感染埃博拉病毒而死亡的大猩猩高达5500只。小组在加蓬国境附近的罗西大猩猩自然保护区（Lossi Gorlla Sanctuoany）调查了猩群及其栖息地的数量并进行了抽样计算。在人类确诊后的2002年至2005年，大猩猩大量死亡的区域也急速扩大。研究人员发现，保护区西侧约 2700 平方公里的调查区受到病毒侵袭的情况较为严重，东部受到的影响稍小。对比两侧大猩猩的巢穴数量，西部要比东部少 96%。小组成员根据这组结果得出结论：在调查区内生活的 6000 只大猩猩中至少有 5500 只死亡。同时，他们推定黑猩猩的减少率约为 83%。小组指出："偷猎及埃博拉是威胁大猩猩生存的两大要因。"

2005 年至 2012 年，刚果共和国和其他自然保护区的大猩猩及黑猩猩数量几乎减少过半。研究人员怀疑，主要原因很可能是它们感染了埃博拉病毒。

世界自然保护联盟的专家表示，大猩猩间埃博拉出血热的流行范围有逐渐扩大的倾向。在今后 5 年至 10 年中，埃博拉很有可能向未受其侵袭的地带扩散，这部分地区约占总栖息地的 45%。感染病毒的大猩猩死亡率约为 95%，这成为该种群接下来必须面对的严重威胁。专家指出："森林砍伐等因素直接导致埃博拉感染范围的扩大。人类与大猩猩接触机会的增加也是原因之一。当务之急，是推动大猩猩栖息地的保护，以及尽量减少人与大猩猩之间的接触。"通过伐木路等道路，丛林肉猎人带头侵入森林，越来越大范围地接触到灵长类和其他动物。许多专家警告，这种人畜共通病症并非单方面传染，同样会给人类本身造成风险。

不为人知的大猩猩

克罗斯河大猩猩是西部大猩猩的亚种，在 1904 年被正式认可。它们很早就被人类认知为种，不过在漫长的岁月中，始终未曾引起研究者的关注。1987 年，科学家对克罗斯河大猩猩首次展开了正式而细致的调查。克罗斯河是这里一条河流的名字。

克罗斯河大猩猩以前可能分布在更为广阔的区域，如今它们主要活跃在喀麦隆与尼日利亚边境的森林中。据推测，这种大猩猩仅有 200 只到 300 只，是大猩猩 4 个亚种中数量最少的，目前为人所知的只有区区 10 群。克罗斯河大猩猩的研究始终没有突破性进展，在日本应该也鲜为人知吧。

克罗斯河大猩猩的数量稀少，猩群分布稀疏。一个猩群通常只有 20 只到 30 只，最多也只有 50 只到 60 只。人类开垦的范围日益扩大，它们的栖居空间也随之被压缩。虽不怎么被针对性捕捉，不过克罗斯河大猩猩一旦出现在民家或农田周边，便可能遭到人类的射杀，或因误入森林中的捕猎陷阱而受伤。因为数量稀少，它们不得不近亲交配，导致基因的多样性逐渐减弱。说到这里，想必诸位也能理解这一大猩猩亚种灭绝的风险有多大了。

除了可能被猎杀外，森林——它们赖以生存的家园也遭到了破坏，埃博拉出血热和炭疽病等疾病，都威胁着克罗斯河大猩猩的生息。这与其他大猩猩面临的危机是相同的。

2008 年开始，新的克罗斯河大猩猩保护区相继在喀麦隆建立，针对它们的保护措施终于萌芽。研究人员进一步强调，通过保护区间的“绿色回廊”来延展该大猩猩的生态网非常重要。

克罗斯河大猩猩的栖息地被誉为“显著体现生物多样性的热点地区”。在这片有限的土地上，生物多样性得到了高度展现。除大猩猩外，黑猩猩和黑面山魈（Drill, 别名鬼狒）等灵长类也在此地安居。随着国家公园扩建等举措逐步实施，针对大猩猩的保护也日益增强。眼下迫在眉睫的是，如何在此基础上对它们展开进一步调研。

第三章

与人类共生

刚果民主共和国、

坦桑尼亚、马达加斯加

第一节 / 森林中的和平主义者　倭黑猩猩

在高低起伏的林间信步而行，不出片刻，人便禁不住汗流浃背。烈日下，层层叠叠的森林豁然开朗，我们眼前出现了广袤的热带草原。领队的追踪员尤伯·马巴米跪下来指着地面喃喃道：“这儿有脚印，足迹延伸到前面那片森林。”地面确实有串连续的凹陷，若非有人提醒，普通人绝对难以察觉。来自日本猿猴中心的非洲类人猿专家冈安直比向我们解释说：“这是不断以手足撑地前行，四足行走（Knuckle-walk，又称指关节着地走）留下的痕迹。”

尤伯再次指向非洲草原的尽头，繁茂的森林清晰可见。暗自咽下“要顶着大太阳走那么远啊”的抱怨，我再度把重重的相机和长焦镜头扛上肩头，艰难地迈开步伐。

非洲刚果河流域的刚果民主共和国有着仅次于巴西亚马孙地区面积的热带雨林。从首都金沙萨（Kinshasa）的郊区乘船，约 2 天后换乘车辆，便能抵达班顿杜省（Bandundu Province）的巴里（Mbali）地区。我们深入这片热带雨林与热带草原交错的地区已 4 天之久，肩头沉甸甸的摄像机叫人苦不堪言。这个国度中的有限地区是濒危类人猿倭黑猩猩群体为数不多的居所。第 1 天清晨的滂沱大雨中，倭黑猩猩曾短暂出现在我们眼前，却又转瞬消失于茫茫丛林中。那以后，我们再难寻得它们的身影。

约莫是第 4 天的下午，我们正沿着森林中野兽出没的山野小道行进，尤伯在一棵倒下的树上发现了一种特定植物的茎。“咬痕很新，它应该还在附近。”尤伯抛下这句话，一眨眼便消失在森林深处。在这个时节，倭黑猩猩会津津有味地啃食一种竹芋（Marantaceae）的花蕊。尤伯匍匐在竹芋丛间，试图寻找倭黑猩猩经过的道路。发现进食痕迹约 20 分钟后，他欣喜地惊呼：“瞧！就在那棵树上。”我们顺着尤伯所指的方向望去，惊喜地发现十来只倭黑猩猩正身轻如燕地在林间穿梭，灵巧地摘下果子和树叶大快朵颐。

倭黑猩猩有着黑猩猩一般的漆黑毛发，面部则相对更黑一些。它们体型较小，手足十分细长。远远望去，醒目的性器官也清晰可见。这是倭黑猩猩不得不说的特征，稍后详述。成年雄性和雌性倭黑猩猩坐在高高的树上，伸出长长的手臂，优哉游哉地将树叶送入口中。这是一个有 10 名成员的群体。最初大敞着双腿，坐在树枝上进食的雄性不久后便横卧下来，懒洋洋地嚼起了嘴边的树叶；两只小猩猩悬在树梢嬉戏着，横躺在一棵倒木上的雌性则静静地注视着这一幕。森林中，倭黑猩猩群被宁静与平和的氛围环绕着。

黑暗渐渐侵袭森林，倭黑猩猩们睡前开始相互呼唤起来。它们的叫声高亢而尖锐，断断续续一如鸟鸣，让人难以想象这是类人猿发出的声音。幼崽们依旧挂在林间玩耍，成年的倭黑猩猩则收集起了周围的树枝，开始制作当晚的床铺。

雌性倭黑猩猩方才打横卧在倒木上，用温和的目光注视着嬉闹的幼崽们。此刻，它也站起身来，用独特的"指关节着地"方式缓缓步向同伴们所在的木枝床，渐渐消失在这静谧的森林中。

残存的倭黑猩猩

倭黑猩猩与大猩猩、黑猩猩并列为非洲大型类人猿的一种。它们与近亲黑猩猩被非洲的大河刚果河隔开，黑猩猩栖居在刚果河右岸以及广阔的北侧，倭黑猩猩则生活在刚果河的左岸以及河流南侧有限的范围里。

倭黑猩猩和黑猩猩是十分相似的近亲。通过基因分析可知，两者在距今 210 万至 80 万年前开始出现分化。京都大学的研究者阐释了成因：倭黑猩猩和黑猩猩共同的祖先曾生活在刚果河右岸，距今 180 万至 100 万年前，非洲遭遇严重的干旱，甚至连当时的刚果河都变浅了。那时，它们的一部分祖先从右岸来到左岸，迁徙至刚果盆地。此后，复苏的刚果河再度将它

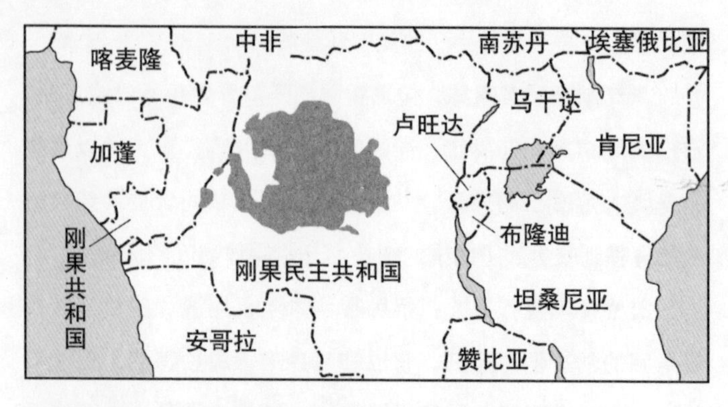

世界自然保护联盟提供的倭黑猩猩分布图

们隔开。这便是倭黑猩猩与黑猩猩独特进化之路的由来。

黑猩猩从刚果民主共和国和坦桑尼亚等东非国家开始沿着中部迁徙，途经喀麦隆等国，最后抵达塞内加尔和加纳等西非国度，可以说在非洲赤道地区分布极广。由上图可见，相比之下倭黑猩猩的分布则集中在刚果河主干及其支流流域的狭长地带，且全都在刚果民主共和国境内。

刚果民主共和国从扎伊尔共和国（Republic of Zaire）时期起到现在漫长的时光中，始终政局不稳，内战频发。刚果民主共和国境内居住着倭黑猩猩、黑猩猩和大猩猩，囊括了非洲大型类人猿的全部种类。不过，包括居住环境受限的倭黑猩猩在内，这三种大型类人猿的生态状况都险峻异常。世界自然保护联盟表示："虽然没有深入调查获取确凿数据，但可以肯定的是，在过去的 15 年至 20 年间，它们的数量在急速减少。”1986 年，倭黑猩猩被判定为“濒危指数升高”。1996 年，其濒危级别被升至非灭绝物种中的第二级“濒危”。

直到 2005 年，相关保护人士才从当地居民口中得知巴里的森林中存在倭黑猩猩。那时，首都金沙萨召开了一场以野生动物保护为主题的座谈会，当地人也受邀出席，其中一个人将一张照片带到了会上，说：“有种动物时不时在俺田里出没，该不会就是倭黑猩猩吧。”时任世界自然基金会（World Wide Fund for Nature, WWF）刚果民主共和国保护活动负责人的雷蒙德·伦布纳摩（Raymond Lumbuenamo）回忆，见到照片那一刹那的触动至今令他心潮澎湃。他回顾往事，动容地讲述：“听到这个消息时，我简直难以置信。没想到梦寐以求的倭黑猩猩近在咫尺，就在小型飞机 1 个小时航程的地方。我们迅速作出反应，组织了一批人手，马不停蹄地赶到巴里。亲眼见到倭黑猩猩的那一瞬间，我想，我们这支小队今后无论如何也要守护好它们。”

刚果民主共和国的国土面积为 234.5 万平方公里，是日本的 6 倍多，是非洲的第二大国。日本京都大学的研究据点万巴（Wamba）位于距首都金沙萨约 1000 公里的地方。要乘小船在刚果河上顺流航行 2 天 1 夜，再换乘车辆约 3 小时才能抵达，无论如何称不上是近距离。这么比起来，巴里作为研究和观光的落脚点可以说是便利得多了。

由公民团体组成的“伯蒙旅游”（Mbou Mon Tour）负责

人向我们展示了一组照片。这是家基于日益成熟的生态旅游业建立的促进当地发展的组织。

倭黑猩猩生态旅游

巴里也深受人口激增和贫困所苦。过度开发耕地对森林造成的破坏，以及林间狩猎导致动物的减少都十分严重。走在这里，遍地皆是为捉住路过的动物而设置的夹压陷阱。即便是在森林植被相对完整的地带，或罕见的鲜少有人类出现的地区，本应活跃的大型哺乳动物也都已销声匿迹。别说是足迹，就连排泄物的痕迹都难以见到。我们注意到，那些飞翔在美丽热带雨林间的鸟儿和蝴蝶都已寥寥无几了。

尽管如此，由于巴里流传着一个传说“倭黑猩猩是与村民不和跑进森林的人变成的”，因此当地人并不会狩猎它们。倭黑猩猩能长久地生活在这里的原因也正在于此。相较而言，可以说这片森林中相对频繁得见的唯一哺乳类动物正是倭黑猩猩。伯蒙旅游和世界自然基金会刚果民主共和国分部的专家展开了合作，“保护倭黑猩猩与推动生态旅游发展并行，将吸引游客和促进地区利益相结合”。专家小组在巴里周边的村落展开针对倭黑猩猩的生态调研，彻查了两群倭黑猩猩，估算其总数至少有 20 只。

在万巴长期研究倭黑猩猩的京都大学学者伊谷原一告诉

森林中的夹压陷阱。如有动物经过会触发下落机关，死死压住猎物

我们：“倭黑猩猩基本分布在巴里最南端，这里同时拥有热带雨林和热带草原。倭黑猩猩将两种地貌物尽其用，从学术上讲可以说是十分耐人寻味的种群。”

伯蒙旅游的克劳德·曼加诺表示：“倭黑猩猩是不可替代的贵重资产。虽说巴里不是正式的自然保护区，不过人们将此处称为‘倭黑猩猩森林’，并始终严于律己，坚决杜绝狩猎和砍伐。”

卡拉是巴里地区的一座村庄。2001 年，卡拉村民达成一致决议，将 16.6 平方公里的森林划为保护区，正式成立“倭黑猩猩森林”。卡拉村从很久以前就有着严格的村规，明令禁止偷猎，也禁止捕猎倭黑猩猩。2005 年，另外 5 个村落也一致同意兴建倭黑猩猩自然保护区，将其面积扩大为 175 平方公里。

亲近人类

世界自然基金会建立了新设施，伯蒙旅游也在获得的土地上建起了简陋而朴实的客栈。

人类开始出现在倭黑猩猩面前，让它们理解自己无意加害的事实。若是猩猩见人就跑，“亲近人类”的举措就无法实现，更不必说倭黑猩猩的生态旅游了。“亲人”对保护类人猿本身，乃至对它们进行生态研究和观察都起着关键作用。当然，这绝非短期内就能取得成果的事。京都大学的西田利真在坦桑尼亚马哈勒从事黑猩猩研究，珍·古道尔（Jane Goodall）在坦桑尼亚的贡贝（Gombe）同样潜心研究着黑猩猩，戴安·弗西则在卢旺达火山国家公园进行山地大猩猩的研究与保护。他们三位均在使类人猿与人接触和亲近方面取得了巨大成果。来自京都大学的加纳隆至在万巴从事倭黑猩猩研究，作为该领域享誉全球的先驱者，他在著作中写道：“研究野生灵长类，首先要使其习惯人类（观察者）的存在。这便是‘亲人’（驯化）的过程，亦是为抵达目的地，势必要经历的艰苦卓绝征途的开端。”这与一系列保护活动，以及振兴以灵长类为核心的生态旅游一脉相承。

“追踪员”是生态旅游不可或缺的一环。这些专业人士在森林中追寻着倭黑猩猩的踪迹，将它们的位置转达给研究员和游客。为做好这项事业，当地人在附近的两个村庄募集了 20 名参与者，开始有针对性地培养他们的追踪技能。功夫不负有心人，尤伯最终成为一名倭黑猩猩追踪员。世界自然基金会每月向他们发放 5 美元左右的酬劳。追踪员轮流工作，清晨深入森林，追寻倭黑猩猩的踪迹，傍晚则确认其安歇之地，并在翌日将猩群的位置告诉下一班追踪员。这里每 2 平方公里才有 1

追踪能手尤伯在森林中追踪着倭黑猩猩的身影

只倭黑猩猩。在广袤的森林中，人们通常发现的都是仅有 20 来只倭黑猩猩的猩群。追踪员奔波在路都算不上的险峻道路上，为了追赶倭黑猩猩，甚至经常需要快跑，可以说是份重体力活。倭黑猩猩群可能会分散成数个小组活动，反复聚集和分散。该特性在植物稀少的干旱季节尤为明显，这更为追踪活动带来了层层阻碍。迄今为止，人类长时间追踪不到倭黑猩猩的情况已发生多次，一如我们今日所面临的一般。

尤伯向我们回忆起 10 年前的经历："13 岁那年，我跟小伙伴们进入森林，那是我人生中第一次看见倭黑猩猩。从没见过的巨大黑色生物把我们吓得够呛，仓皇逃走，那情景如今还历历在目。"他现在俨然已成为追踪倭黑猩猩的高手。

"我很早便对森林了如指掌，体力也不错。后来有人问我要不要当个追踪员。我知道倭黑猩猩是细看有些让人害怕，实则十分可爱的动物。再说，除了能稳定赚工资，我自己也想为这里招揽更多游客。"提起这些，尤伯不禁神采奕奕。

京都大学的伊谷等人持续关注着当地的倭黑猩猩，研究其生态、行为和分布领域，探索助力生态旅游的良方。

最后的类人猿

倭黑猩猩与黑猩猩并称最接近人类的类人猿，不过比起黑猩猩和大猩猩，对它的研究进程相对滞后，保护活动也并不充分。日本没有哪家动物园展示过倭黑猩猩，事实上，饲养倭黑猩猩的动物园在世界范围内都很罕见，因此一般人对它们的了解也十分匮乏。刚果民主共和国作为倭黑猩猩的唯一栖息地，常年为内战和政局不安定所苦，这也是研究活动止步不前的主要原因。日本京都大学的团队率先在万巴展开研究，是世界领先的倭黑猩猩研究组织。不过由于内战频发，团队的工作被迫中断，整个研究进程雪上加霜。接连不断的内战持续至今，是将倭黑猩猩逼入濒危绝境的原因之一。

人类最早“发现”倭黑猩猩的地方并不是刚果民主共和国的森林，而是比利时布鲁塞尔郊外的博物馆。在调查博物馆收藏的小型类人猿头盖骨的过程中，德国的解剖学者恩斯特·施瓦茨（Ernst Schwarz）发现了件奇妙的事。人们本以为那具小小的头骨来自黑猩猩的幼崽，然而调查表明，它并没有未成年生物头盖骨缝处应有的缝隙，因此并不属于幼崽，而是来自一只成年猩猩。1929 年，施瓦茨先是把它们作为黑猩猩中体型较小的亚种公布于众。不久后，研究者发现这种类人猿与黑猩猩有许多不同之处，便开始将它们视作新的类人猿，并赋予其学名。它们的属名是“Pan”，与黑猩猩相同。倭黑猩猩起初被称为“俾格米黑猩猩”（Pygmy Chimpanzee），后来为了与刚果的俾格米人（Pygmy）[①] 相区

---

① 泛指成年男子平均身高低于 150 厘米或 155 厘米的种族，并不指某一特定种族。

别，将名称定为今日的“倭黑猩猩”（Bonobo）。倭黑猩猩平均体重40千克，身长80厘米，体型非常小。

决定红毛猩猩学名的是18世纪中叶的林奈[①]。黑猩猩是在18世纪末被人类所知，大猩猩则是在19世纪中叶。在大型类人猿中，倭黑猩猩是最晚被正式认知的。起初，甚至无人知晓刚果河左岸有一群类人猿在平静度日。距黑猩猩作为一种灵长类被认知已过了150年，因此加纳将倭黑猩猩称作“最后的类人猿”。

和平主义者

倭黑猩猩是黑猩猩非常近的近亲，两者连栖息地都紧密相连。不过它们各自的生态和行为都与对方大相径庭。谈起倭黑猩猩，学者常根据特征将其形容为“和平主义者”，而近亲黑猩猩则时常具有强烈的攻击性。若两个黑猩猩群在森林中不期而遇，甚至可能展开你死我活的厮杀。即便是在同一猩群中，雄性间都常常为了族中“霸权”而僵持不下，亦会频频为了争夺雌性以命相搏。研究人员甚至发现，黑猩猩间存在“弑子”案例，同一集团内的雄性成年黑猩猩可能会杀

---

① 卡尔·林奈（Carl Linnaeus，1707~1778），瑞典博物学家，被誉为现代生物分类学之父。

死幼崽，啃食其肉。

与此相反，倭黑猩猩两个种群相遇时极少产生激烈的冲突，种群内既不会展开生死厮杀，也不会残害幼崽。

黑猩猩很讨厌水，而倭黑猩猩能自如地蹚入河中捕食虫类，也不时会渡过较小的溪流。在半自然的饲育环境下，可以观察到倭黑猩猩跳入河中的场景，它们会像人类泡澡般在水里沐浴；小猩猩则像人类的小孩般踏进溪流，用四肢哗啦哗啦地掀起水花，畅快嬉戏。倭黑猩猩会食用小型昆虫等生物，但研究人员尚未观察到它们像黑猩猩一样以猴子等大型哺乳动物为猎物的情形。它们比黑猩猩更擅长双足行走，也能手持食物，大步流星地走上很长一段距离。不过，目前尚未观察到野生倭黑猩猩像黑猩猩一样使用道具的情况。黑猩猩生活在以雄性为首领的父系社会，而倭黑猩猩则生活在雌性当家的母系社会，其群体的性别差比起黑猩猩要小上许多。研究者观察到，群体内会出现数只强大的雌性合伙欺负一只雄性的情形。在金沙萨郊外的某家倭黑猩猩孤儿保护机构中，我曾见过两只坐在河岸边为彼此打扮（梳毛）的雄性倭黑猩猩。它们兴许是为了躲避凶暴异性的欺压，结伴从猩群中逃离的吧。

打起来不如来一发

要说倭黑猩猩独一无二的特征，必然是在其他类人猿身上无缘见到的“性行为”了。倭黑猩猩在极度紧张，也就是剑拔弩张，马上要干架之际，不会真的大打出手，而是会通过其他形式的“干”一架来解决问题。倭黑猩猩的性行为不是异性间的特权，两只雌性或两只雄性相互爱抚性器官、“疑似交尾”的行为也屡见不鲜。当两个群体在林中相逢，即将为食物而争斗时；两只倭黑猩猩发现同一件心头好，形势一触即发时；因零零碎碎的理由即将大动干戈时；当然，也少不了两名成员因任何原因吵起架时，它们多半会停止躁动，开始摩擦对方的性器官，以缓解紧张感，最终达成和解。异性间也可能“疑似交尾”，而不是真正去交尾。小猩猩也会像模像样地效仿。暴力行为过后，倭黑猩猩也可能发生床头吵架床尾和的一幕。因研究倭黑猩猩而广为人知的弗朗斯·德瓦尔（Frans de Waal）[①] 撰写了一本《与人类最相似的类人猿倭黑猩猩》（*Bonobo: The Forgotten Ape*），可谓是倭黑猩猩的百科全书。书中分别展示过两只雌性、两只幼崽、一雌一雄等多种倭黑猩猩交尾的照片。作者将倭黑猩猩的性行为形容为“为和平而施行之事”，并称其“具备缓和社会紧张感的机制”。

最引人注目的，是两只雌性面对着面，相互摩擦彼此膨大性器官的行为。倭黑猩猩研究的先驱者加纳根据当地居民

---

① 弗朗斯·德瓦尔（1948~ ），荷兰灵长类学家和动物行为学家。详述黑猩猩社会及群体行为的《黑猩猩的政治》是他的代表作。

的语言，将其诠释为“霍卡霍卡”[①]；将两只雄性背对对方，摩擦下体的行为称为“臀交”。这是纵观类人猿，仅在倭黑猩猩间能够见到的现象。加纳描述过这样一个场景：雌性为了获取雄性手中的甘蔗，试图色诱对方共度良宵。“最后雌性理所当然地当着雄性的面拿走了它们的甘蔗。几乎没有雄性猩猩能够拒绝这样的‘掠夺’。”他在著作《最后的类人猿》中如是说。加纳还描绘了另一个场景：雄性猩猩为夺走雌性手中的菠萝慢慢向其靠近，雌性则通过交尾的邀约蒙混过关。雄性猩猩办完事，早已把菠萝抛诸脑后了。

不论何时，积极主动的往往是雌性，倭黑猩猩的性行为似乎是由雌性主导的。京都大学的古市刚史曾记录：“即便排行第一的雄性使出浑身解数求爱，若雌性拒绝，双方依然不会交尾。雄性除了静静等待之外束手无策。”随着人类对倭黑猩猩这种生态特征的认知愈发清晰，“放下争执，来相爱吧”便成了它们的标志。

互相关怀?

倭黑猩猩还有一个特征，那便是“会为他人着想”。德

---

① 关于这一命名的由来众说纷纭。一说“hokahoka”在蒙甘铎族（Ngando）的语言中指“稀奇的行为”；一说摩擦生热，因此在日文中与“热乎乎”（hokahoka）同音。

瓦尔在其著作中称，倭黑猩猩曾将飞不起来的小鸟送上枝头，伸手将其放飞；对于初来乍到迷了路的同伴，也会主动牵起它们的手，热心地扮演领路人。此类案例比比皆是。德瓦尔总结："倭黑猩猩能察觉和感受到他者的意图及感情，圆滑地维系关系，必要时还会出手相助。"京都大学的研究小组提供了一张照片，一只雌性倭黑猩猩误中套索陷阱，左手被束缚住，动弹不得。它身边围了一圈满怀关切的雌性，这些猩猩正以担忧的目光凝视着它。

在金沙萨郊外，有家专门饲育孤儿倭黑猩猩的保护机构。美国埃默里大学（Emory University）的研究小组在机构中持续观察倭黑猩猩被同伴或殴打或推搡的案例。一旦出现此类情况，附近的倭黑猩猩就会来"安慰"被害者，这种情况在350起样本案例中频繁发生。小组于2013年将上述结果刊登在了专门期刊上。倭黑猩猩的安慰行为可能是抱住对方，可能是为其梳毛，偶尔也可能是性交。

在不少研究者看来，倭黑猩猩这种不喜争斗，能对他者感同身受的情怀，以及将这番情怀化为行动的能力，正是所谓的"人性"之源。

【专栏】倭黑猩猩分果子

神户大学的山本真也副教授在万巴对倭黑猩猩进行观察调研，并于 2015 年在英国的专门学术期刊发表了以下结论：倭黑猩猩作为和平主义者，有着将水果“分享”给伙伴的特殊习性。2010 年至 2013 年，他在刚果盆地的某座村落对倭黑猩猩进行长期观察，其间观察到了 150 起倭黑猩猩将巨型水果“曼尼巨番荔枝”（Junglesop）[①] 分享给同伴的案例。每当有新的雌性加入，群体中地位较高的雌性就会将曼尼果分给它们。这似乎是倭黑猩猩为了构筑社会关系而采取的举动。

黑猩猩合作狩猎，为了谋生，会将捕获的猎物分配给同伴。倭黑猩猩分食的果子并非难以获取，它们也并不为食物来源担忧，即是说，得到馈赠的倭黑猩猩，并非是陷入了饥饿的窘境。即便如此，成年倭黑猩猩，特别是雌性间互赠巨型果实的场景却一再出现，其频率远超黑猩猩分享肉食的情形。这种行为似乎并非是为了分享食物本身，而是类似人类社会邻里社交那样，送给对方“见面礼”般的“礼尚往来式食物分配”。

山本在发表研究成果之际，附了这样一段评论：“倭黑猩猩

---

① 番荔枝属水果，果树能长到 8 米至 30 米，花叶巨大，果实重达 4 千克至 6 千克，最大可达 15 千克。果实口味可酸可甜，有的味道较淡，富含丰富的维生素 A。

对研究人性的进化起着至关重要的作用。如今，它们深陷灭绝危机，人类的无知和漠然将它们逼入了如此困境。谨期盼这一系列研究能使我们进一步了解这些从进化角度来说与人类最为亲近的邻人，并给予它们更多的关心。”

空空如也的森林

刚果民主共和国有一座巨大的萨隆加国家公园（Salonga National Park），其面积相当于一个荷兰。这里被公认为倭黑猩猩的主要栖息地之一。漫长的内战结束后，世界自然基金会和刚果的研究小组在国家公园内对倭黑猩猩的生存状况展开了调研，其结果令人震惊和忧虑。研究人员目击到的倭黑猩猩数量极少，连居所和排泄物都寥寥无几。园内三分之一以上的范围已毫无倭黑猩猩生存的痕迹，越来越多的居民拓宽了耕地面积，内战期间频发的偷猎和对倭黑猩猩栖息地的破坏导致了该地种群数量的剧烈下滑。刚果民主共和国各地研究者提供的报告显示，偌大的公园如今空空荡荡，已鲜少得见倭黑猩猩等动物的身影，正可谓“空空如也的森林”。

漫长的岁月中，倭黑猩猩始终在刚果河流域的森林中平静度日。如今，日益扩张的人类活动几乎将它们逼入灭绝的深渊。世界自然保护联盟的灵长类专家小组对 2012 年的报告进行了分析，认为此前倭黑猩猩的种群数量存在误差，研究人员调查倭黑猩猩的地点和收集到的数据也不完整。2003 年至 2010 年，调研拓展到了倭黑猩猩存在的各大栖息地。通过对其居所数量的调查和电脑模拟演算，可推算出倭黑猩猩的数量约为 1.5 万只到 2 万只。倭黑猩猩主要生活在刚果民主共和国北部、萨隆加国家公园南部某处、刚果民主共和国东部刚果河向正南流去的急转弯附近，以及巴里西部这四大区域。有的区域设有国家公园或自然保护区，万巴北部某地设有两处倭黑猩猩保护区。不过，国家公园和保护区的管理远远称不上完善。研究人员指出，即便在保护区内部，倭黑猩猩的数量也在持续减少。

京都大学的伊谷和田代靖子等人对比了 1995 年与 2005 年的数据，对万巴地区倭黑猩猩的数量和栖息地进行了分析。他们于 2007 年发表科研论文，分析了多次内战对倭黑猩猩产生的深远影响。比起 1995 年，2005 年倭黑猩猩从 6 群降至 3 群，曾经的亲近人类变成了见人就跑的惊恐状态。根据人造卫星发回的图像以及现场调查可知，在这 10 年间，原生态森林遭砍伐和空地被开垦成农田的事情在当地层出不穷。研究小组指出，内战中的狩猎和对倭黑猩猩栖息地的破坏，可能是导致该地种群数量减少的一大原因。

此外，同在万巴长期研究倭黑猩猩的京都大学学者古市也发表了他的观测结论。古市持续研究的倭黑猩猩群在鼎盛时期有 30 余只，2004 年减少到 17 只，另有一些猩群甚至悄然消失了。1991 年，他研究的地区有 250 余只倭黑猩猩，2004 年仅剩 70 只左右，约为曾经的四分之一。

偷猎的影响

世界自然保护联盟表示，倭黑猩猩最大的威胁是人类的偷猎。倭黑猩猩栖息地的原住民遵从祖训，不会捕食它们，法律也明令禁止捕杀行为。不过对倭黑猩猩的非法狩猎和走私始终横行于刚果民主共和国各地。倭黑猩猩比黑猩猩体型更小，生育间隔则要长上 4 年至 5 年，雌性最早的受孕年龄为 13 岁至 15 岁，相对高龄，因此倭黑猩猩更容易受到偷猎的恶劣影响。

非法狩猎和走私的其中一个目的是销售活体，或交易给动物园，或当作宠物出售。包括大猩猩和黑猩猩在内，非洲大型类人猿的幼崽常被活捉，以不菲的价格出售给动物园和繁殖机构，这种现象至今依然猖獗。为了捕获一只幼崽，可能伤害到同族中其他成年倭黑猩猩的生命。如果捕获一只哺乳期的倭黑猩猩，那么它所喂养的幼崽也会因无法独自生存而死亡。刚果民主共和国及其周边国家都有购买倭黑猩猩作为宠物饲养的需求，有些餐馆甚至用它们来招揽食客。

上文作为研究活动场所介绍过的倭黑猩猩保护机构位于

金沙萨东南约 25 公里的刚果河支流附近，是 2000 年比利时慈善家以个人名义建立并运营的民间机构。机构一旦救出被偷猎者带离家园的倭黑猩猩，便会将它们保护起来。像这样孤立无援的倭黑猩猩，以及它们结合诞下的后代约有 60 只。对森林自然资源善加利用的保护机构收容并饲育着这群倭黑猩猩。有的倭黑猩猩在接受回归野生的训练后，被放回了曾经的栖息地，不过只占极少一部分。

如今，这家机构依旧对被查抄并解救出来的倭黑猩猩敞开大门。2016 年 9 月，我造访此处。彼时，最小的倭黑猩猩仅有一岁半，是一只从金沙萨市内一家娱乐场所救出的雄性小猩猩。2015 年 12 月，从一名将倭黑猩猩当作宠物饲养的男子手中没收的一只 3 岁的小猩猩也被送往机构。案件频发，可见目前野生倭黑猩猩的偷猎和走私现象仍层出不穷。刚果民主共和国常年处于内战和政治不稳定的旋涡中，官僚主义和军队的腐败现象层出不穷。即便有相关法律限制，其执行效果和力度也令人叹息。有时，官员和军人甚至会参与违法行为，与偷猎者沆瀣一气。

保护机构同时向倭黑猩猩生态研究人员与普通观光游客开放，让所有人都有机会近距离观察倭黑猩猩。不过，为了让机构饲养的倭黑猩猩有人工饲育的样子，工作人员会为它们剃毛。这里的倭黑猩猩也会给自己拔毛，因此它们与野生的同胞略有不同，毛发相对稀疏。

赖以充饥

倭黑猩猩不仅会被人类捉去作为宠物，同时，它们还面临着更严峻的威胁。倭黑猩猩栖息地周边的居民为摄取蛋白质，即以果腹为目的，可能会对它们进行违法捕猎。在上一章提到大猩猩时曾讲过，这类食材被称为“丛林肉”。猎取丛林肉的现象覆盖了整片非洲大陆，是保护野生动物面临的严峻问题。

倭黑猩猩栖息地周边的居民基本都遵从祖训，不会捕食它们，刚才介绍过的巴里地区便是如此。但飞速增加的人口，持续蔓延的贫困以及粮食不足的窘境，导致以充饥为目的的狩猎倭黑猩猩问题愈演愈烈。内战频发，政情不稳，不需要理会和遵从当地祖训的外来者持续涌入，更是助长了这一倾向。战乱导致军火充斥全国固然是其中一个原因，但用当地居民自制的简易枪械和手工吹箭射向倭黑猩猩也非难事。不幸的是，比起其他动物，倭黑猩猩的体型更大，更容易成为丛林肉猎人瞄准的靶子。肉类不仅是居民的蛋白质来源，将其熏制后售往附近的城镇也能获得一笔收入。通过调查倭黑猩猩主要栖息地之一的刚果民主共和国东部可知，1 年间有 270 只倭黑猩猩被杀，其肉被运往附近城镇中的 8 处售卖点，作为丛林肉贩卖。世界自然基金会等机构的调研小组指出，在上文介绍过的萨隆加国家公园中，短短 4 个月里便有 13 只倭黑猩猩死亡，3 只沦为孤儿。

猎人会用绳索在地面设置简易的圈套陷阱，自丛林中获取肉食。上文曾介绍过，这种陷阱是大猩猩生存的一大威胁，对倭黑猩猩来说也一样。圈套绳索并非专为捕猎倭黑猩猩而设，不过却可能会误伤在丛林中四处觅食的倭黑猩猩，其手足被钳住的案例比比皆是。即便性命无虞，一旦失去手足，也会大大影响它们的生命质量，亦不排除因伤口感染而殒命的可能。国家公园和保护区中频现狩猎陷阱，这一情形与卢旺达大猩猩保护区中发生的悲剧大同小异。

消失的栖息地

刚果河流域有着仅次于南美洲亚马孙河流域的世界第二大热带雨林。从空中远眺，更能发现这片森林是多么广袤无垠。不过，刚果民主共和国、相邻的刚果共和国及喀麦隆等国都面临着同样的问题，那便是随着森林砍伐范围的扩大，无视法律、无视原住民基本权利的违法砍伐正肆意横行。无论是以商业利益为目的对倭黑猩猩森林家园的砍伐，还是当地居民因开发耕地对森林造成的破坏，对倭黑猩猩来说都是不可小觑的威胁。当地居民从很久以前起便在使用火

刚果河流域火耕产生的烟正肆意升起

耕（Slash-and-burn）[1]这种耕地方式。由于人口增加，农畜产业需求大规模上升，越来越多的森林遭到火耕，变为农田。这对周围森林生态系统的影响极为恶劣。在我们以金沙萨为起点，前往倭黑猩猩栖息地，顺流航行的两天内，路上四处可见火耕肆虐的痕迹。广阔的森林间，燃烧后的灰烟四处弥漫，升向高空，熊熊燃烧的火焰也时常得见。

内战终结后，重归刚果民主共和国的不仅仅是倭黑猩猩的研究员和保护人士，那些开发农田、出于商业目的砍伐森林的企业以及与违法砍伐产业链有关的人士也陆续返回。为

① 指通过砍伐和焚烧植物开垦农田的农耕技术，不具备可持续发展性。

了砍伐森林植被，兴建了采伐道路，这为偷猎者进入森林提供了诸多便利。林子深处设置了巨大的砍伐营帐，越来越多的工人被送来砍树，这同时导致丛林肉需求的急速增加。类似的现象在非洲数不胜数，刚果民主共和国的倭黑猩猩森林自然也未能幸免。

刚果民主共和国的森林减少率比起喀麦隆和刚果共和国等周边国家来说算不上最严重的。不过，对比 2000 年至 2005 年、2005 年至 2010 年的年均减少率，数据从 0.22% 增至 0.25%，有加速趋势。

"2000 年至 2010 年，刚果民主共和国消失了 2.3% 的森林，后 5 年的总减少率是前 5 年的 1.13 倍，这是不容小觑的增长。"美国南达科他大学（University of South Dakota）、马里兰大学（University of Maryland）以及刚果民主共和国的研究机构通过分析人造卫星采集的图像，于 2011 年公布了上述结果。

森林的减少，特别是原生态森林减少的形势日趋危急。光是设有保护区的森林，其树木减少率在两个 5 年间的涨幅便高达 64%。未经人类干预的森林对倭黑猩猩来说至关重要，由上述数据可以看出，它们已被破坏得相当严重。

此外，世界自然保护联盟指出，埃博拉出血热和其他流感等人畜共通传染病的蔓延也是倭黑猩猩面临的重大问题之一。人口增加，耕地面积扩大，为狩猎而进入森林的人数持续增加，那么可想而知，倭黑猩猩从人类身上传染上疾病的风险也会随之加大。数年前，在巴里曾发生过人类流感传染给倭黑猩猩，致其大量死亡的案例。

枪声响起

“砰砰”，为了目睹 21 世纪新发现的倭黑猩猩群而游荡在巴里森林数日的我们突然听到了两声枪响。狩猎行为对追踪者和研究人员来说十分危险，因此村里一致遵守严禁狩猎的村规。追踪员神色凝重，四周弥漫着紧张的气氛。“刚才的枪声发自外国制造的霰弹枪，村里持有这种枪的只有 3 人。我得赶紧回去查个明白。”话音刚落，追踪员中的一人拔腿就跑，转瞬消失了踪迹。伊谷苦涩地对我们说：“这种事绝不能姑息，一发小小的子弹，很可能会将大家迄今为止的努力化作虚无。”

并非附近所有的村民都能理解保护倭黑猩猩的重要性。目前当地的人口激增现象和贫困问题依然十分严重。巴里地区的村子未通水电，为全村提供电力的，就只有发达国家政府和公民团体赠送的小型太阳能发电机。日落后，整座村子便只能无奈地没入夜色，伸手不见五指。饮用水则完全依赖森林中细小的地下水水流，以及蓄水池贮存的雨露。

倭黑猩猩出没的刚果民主共和国巴里森林

追踪员技巧不熟练，徘徊森林数日都找不到倭黑猩猩的情况也并不罕见。如想招揽游客，势必要建立各种各样的公共设施。但由于资金短缺，项目迟迟没有进展，有关人士也备感焦虑。森林中违令开枪的村民是谁，村长其实心中有数，但他并不愿将真相公之于众。

像尤伯这样成为出色追踪员的人才在不断涌现。即便离收获尚有时日，但巴里人民始终在这条不平坦的漫长道路上努力前进。不过，尤伯意气高昂地笑道："能让远道而来的客人看见倭黑猩猩我就知足了。"我们拖着疲惫的身体和沉重的步伐回到村子，孩子们满面笑容地聚在一起，热情相迎。村里的居民都对外国友人十分友好。

以这些当地居民为中心，追寻倭黑猩猩保护和地区经济发展的双赢道路，同时兼顾科学研究，可以说这是一次独特的尝试。巴里地区的倭黑猩猩十分珍贵。当地人从容不迫地与它们相处，并始终在尝试让它们更加亲近人类。若当地人的努力能有回应，这必然是倭黑猩猩保护事业许久未曾收到的捷报。

第二节 / 湖畔的类人猿　黑猩猩

这是一次简单自然的相遇。在导游的引领下，我们从湖畔宾馆出发，在森林中步行了约 50 分钟。突然，透过连绵不绝的雨滴，我们看到了 3 米多高的树上正端坐着两只黑猩猩。导游叮嘱我们：“请戴上口罩，等我摘了才能摘。”等了又等，黑猩猩大军终于开始在树木间穿梭起来，也有一些跳到地面，信步而行。树梢间，几只小猩猩一边移动，一边互相嬉闹着。黑猩猩母亲将幼崽背起来，向森林深处走去。它们的行动方式多样，移动速度十分惊人，让人目不转睛，甚至差点忘记按下手中的快门。有只黑猩猩母亲爬上树，小猩猩双手环抱在它的后腰上，紧紧挂住。这只小猩猩体毛的色泽十分独特。它目不转睛地盯紧戴着口罩和举起相机的游客。远处的树枝上，还有一对西非红疣猴（West African Red Colobus），它们的体型比黑猩猩要小上一些。

从阿鲁沙（Arusha）乘小型飞机至湖岸边的城镇基戈马（Kigoma），再乘 3 小时左右的小船，这场单程约 10 小时的旅途将我们带到了坦桑尼亚西部坦噶尼喀湖（Lake

Tanganyika）畔的马哈勒山脉国家公园（Mahale Mountains National Park）。50 年前，日本京都大学的研究小组在此地启动了针对黑猩猩的研究。这里有的黑猩猩群受过“亲人”训练，并不会见人就跑。近些年，坦噶尼喀湖畔建起了不少招待游客的旅馆。带领游客进入森林观察黑猩猩的生态旅游也日益繁盛。

坦桑尼亚政府的生态保护人士表示：“为了发展贫瘠的非城市地区，生态旅游带来的利润不可或缺。世界范围内，能近距离观察濒危黑猩猩的地方屈指可数，因此以欧洲人为首的游客对此极有兴趣。”

在林中漫步片刻，我们看见倒木上坐着一只小猩猩和另

黑猩猩

在马哈勒参加生态旅游的游客正戴着口罩观察黑猩猩

一只体型巨大的雄性黑猩猩。再走近一些，它们依旧没有什么反应。雄性黑猩猩伸出宽大的手掌，像抱起易碎品般将小猩猩拥入怀中。过了一会儿，小猩猩在森林间嬉戏起来。有只成年黑猩猩从后面靠了过来，开始为方才的雄性黑猩猩梳理毛发。稍远的地方，另一只体型巨大的黑猩猩重重地坐了下去，开始从身边的树上大把大把地摘果子，接二连三地送入口中。抬头望去，映入眼帘的是穿梭在树林间的又一只黑猩猩。它矫健的身姿在热带地区湛蓝苍穹的映衬下分外鲜明。

不出片刻，我们便看尽了黑猩猩的千姿百态，着实大饱眼福。

拉塞尔·米特迈尔（Russell A.Mittermeier）是世界知名的灵长类学者，同时也是世界自然保护联盟灵长类专家小组的组长。他也是2011年春天这场旅程中的一员。米特迈尔告诉我们："戴上口罩，是为了不让人将疾病传染给黑猩猩。如果每个人都能遵守规则，与它们保持一定距离，那么生态旅游就能对黑猩猩保护事业作出贡献。即便这里远离城市，但若能亲眼看到黑猩猩，对许多人来说就有远道而来的价值。同时，这还能提高人类对黑猩猩的关注度。"

非洲各地

黑猩猩是生活在非洲大陆的大型灵长类，它们与近亲倭黑猩猩并称最接近人类的物种。黑猩猩种分成4个亚种，分别是栖息地与克罗斯河大猩猩十分接近的尼日利亚喀麦隆黑猩猩（Nigeria-Cameroon Chimpanzee），分布在从刚果民主共和国到乌干达，从布隆迪到坦桑尼亚西部等地的东部黑猩猩（Eastern Chimpanzee），活跃在中非共和国和刚果共和国等国家中部地区的中部黑猩猩（Central Chimpanzee）①，

---

① 该亚种为指名亚种，通常直接译为"黑猩猩"。本书为与种名相区别，均译为"中部黑猩猩"。

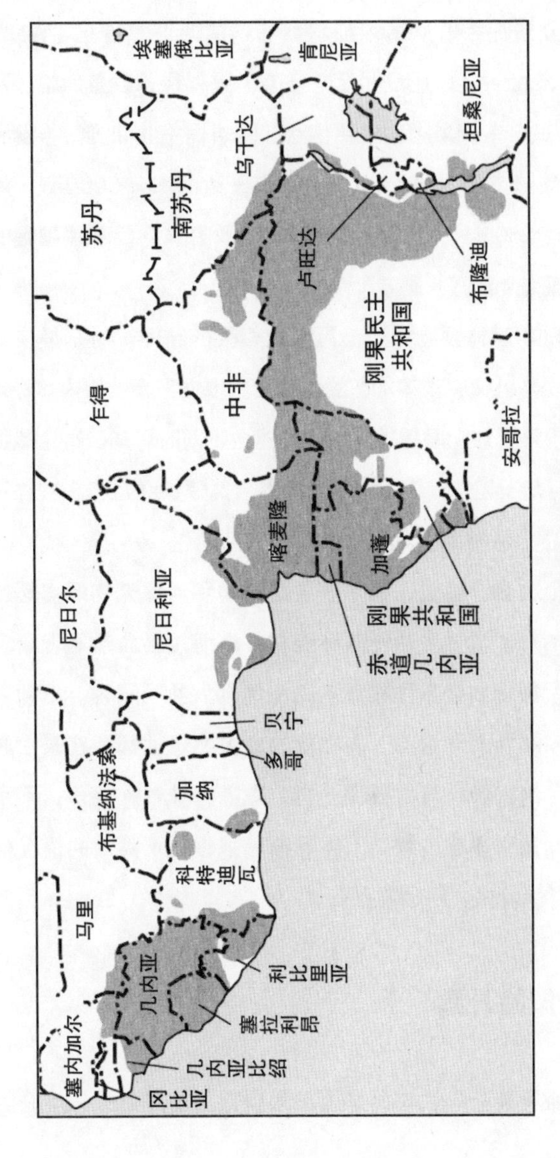

世界自然保护联盟提供的黑猩猩分布图

以及分布在西非从塞内加尔到加纳的西部黑猩猩（Western Chimpanzee）。尼日利亚喀麦隆黑猩猩现存数量恐怕已不足6000只；东部黑猩猩主要生活在刚果民主共和国，推测种群数量为17.3万只至24.8万只，乌干达西部有5000只，坦桑尼亚有2500只；中部黑猩猩共有14万只；西部黑猩猩的数量大概是1.8万只到6.5万只。

日本媒体频频报道与黑猩猩相关的新闻，特别是在动物园和饲养机构中表演才艺的黑猩猩。根据实验机构内和野外观察的结果可知，黑猩猩具备多种能力。同时可知，野生黑猩猩的生存状况堪忧，现已濒危。世界自然保护联盟将黑猩猩定为“濒危”，亚种西部黑猩猩甚至为“极危”。

上文曾介绍过，为了获取丛林肉和当作宠物贩卖而违法捕猎，开矿及开发耕地破坏森林，埃博拉出血热等传染疾病是将大猩猩和倭黑猩猩逼入绝境的几大共同原因。从刚果民主共和国到西非诸国，黑猩猩的许多栖息地都存在政治局势不稳定的因素。与大猩猩一样，黑猩猩被卷入战争，不幸死亡的案例也不在少数。人类抓捕黑猩猩用于实验的情况虽然近来鲜少发生，但确实存在过。

灭绝风险升高

处境最令人忧虑的是西部黑猩猩。世界自然保护联盟的数据显示，比起 1980 年，西非森林目前的植被覆盖率仅有二成。虽说森林被破坏的速度在变缓，不过问题并未得到根治。人口增加带来的火耕、农田开垦、商业砍伐等问题，成为该地区黑猩猩种群数量减少的最大原因。在确认过的 13 个国家中，贝宁、多哥和布基纳法索三国的黑猩猩已彻底灭绝，几内亚比绍、塞内加尔和加纳共剩下 200 只至 600 只，科特迪瓦虽尚余 8000 只左右，但数量仍不足曾经的一成。

被猎杀的黑猩猩数不胜数。调查结果显示，这片区域出产的大量丛林肉中，有 1% 至 3% 来自黑猩猩。也有报告指出，除了被生擒或当作宠物贩卖外，黑猩猩还可能会因为捣毁农田而遭到农民捕杀。认为黑猩猩的手掌是珍贵的传统药品，在森林中布下罗网猎杀它们的人也不在少数。

黑猩猩的幼崽常被当作宠物猎捕。大型灵长类是群体行动的生物，为了捕获一只小猩猩，视情况可能会将全族的猩猩赶尽杀绝，这对黑猩猩的影响极其恶劣。即便成功捕获了小猩猩，它们也有在途中死亡的风险。调查结果证实，1 只小猩猩的背后是 15 只成年黑猩猩的死亡。近年来在非洲，以大型灵长类动物为主要对象的偷猎案有增加倾向。

2015 年 8 月，几内亚逮捕了非法交易野生动物的走私惯犯。这名男子从 2008 年起就参与大规模的黑猩猩非法交易，曾向海外走私过数百只黑猩猩，也参与了不少几内亚境外倭黑猩猩和大猩猩等类人猿的大型走私案。破案的契机是《华盛顿公约》[①]调查团队怀疑近10年间有69只黑猩猩从几内亚被走私出境。这名走私犯为何能如此深入走私链的核心？因为他坐着几内亚野生动物管理局的头把交椅，《华盛顿公约》中规定的生物出口许可组织和揭露非法野生动物交易的组织恰在其管辖范围内。国际刑警组织和《华盛顿公约》的负责小组通过调查，找到了大量这名犯罪分子签署的伪造出口许可证。

本就不多的尼日利亚喀麦隆黑猩猩的数量仍在日趋减少，据推算，喀麦隆仅剩下3000只黑猩猩，尼日利亚则为2000只。

在西非，黑猩猩保护区的建设仍举步维艰。黑猩猩的栖息地仅剩6%，生活在保护区的黑猩猩仅占全体数量的25%至45%。

世界自然保护联盟的专家小组表示："在过去的30年间，西非可能损失了约75%的黑猩猩。"在剩余黑猩猩的主要栖息地建立保护区，防止其栖息地进一步遭破坏已刻不容缓，一系列相关举措亟待实施。

---

① 即《濒危野生动植物种国际贸易公约》（Convention on International Trade in Endangered Species of Wild Fauna and Flora, CITES）。

东部形势同样严峻

东部黑猩猩和中部黑猩猩所面临的状况并不比西部亚种的情形乐观。东部黑猩猩的处境尤为严峻，它们的主要栖息地在内战频发、政治动荡的刚果民主共和国，相关人员很难对其施以援手。东部低地大猩猩和东部黑猩猩可谓同病相怜。

2016 年，国际野生生物保护学会等机构将这一情况公布于众，刚果民主共和国及周边国家黑猩猩的生存现状全部呈现在世人面前。在政治局势严重不安定的情况下，研究人员尽可能全面地展开了实地调研，从当地居民口中打听消息，再综合国家公园护林员所提供的信息，推算出东部低地大猩猩和东部黑猩猩的现存数量。东部黑猩猩推算有 37740 只，比起 20 年前减少了 22% 至 45%。大猩猩的情况更加严峻，仅剩下 3800 只，20 年间的减少率为 77% 至 93%。如上文所述，这也是 2016 年东部大猩猩被提升为“极危”的直接依据。

国际野生生物保护学会的研究小组分析道：“东部黑猩猩的栖息地多处于反政府组织和民兵组织的控制下。许多民兵组织为筹集资金，在各地经营着小型矿山。”研究人员进一步指出，丛林肉狩猎也是导致黑猩猩减少的重要因素：“为了给大量在矿山劳作的工人提供粮食，体型巨大的类人猿（如黑猩猩和大猩猩等）被视为猎物中的优选。”

中部黑猩猩的减少不及东部黑猩猩那般严峻，其数量约为 14 万只。不过，它们同样面临丛林肉狩猎的威胁。同时，人类破坏森林的步伐也从未停止。

珍·古道尔

谈到黑猩猩的保护和研究，就不得不提珍·古道尔。她在坦桑尼亚坦噶尼喀湖畔的贡贝研究黑猩猩，是该领域的资深人士，也最早明确提出黑猩猩会使用工具。珍·古道尔，山地大猩猩的研究者戴安·弗西，以及下文将介绍的红毛猩猩的研究者贝鲁特·高迪卡斯都是知名人类学家路易斯·利基发掘的。这三位女性被称为“利基天使”。

经过半年的努力，珍·古道尔前无古人地完成了人类与黑猩猩的第一次“亲密接触”。此外，她通过实地考察，揭示了黑猩猩诸多不为人知的习性，包括其行为举止、社会结构以及家族关系等。

一方面，珍·古道尔展示了卓越的研究成果；另一方面，她以贡贝河研究中心为基础建立了珍·古道尔研究所，推进以黑猩猩为首要对象的类人猿保护及研究活动，积极提出政策建议，在当地提倡以可持续发展为前提进行开发，并致力于弘扬女权。她接连主导了诸多涉猎范围广泛的项目，并始终积极从事着相关活动。破坏森林和偷猎的根源是贫困。为了消除贫困，古道尔在森林遭到破坏的地方帮助推进新型农作物的开发，在努力提高当地人民生活水平的基础上，进一步呼吁各国参政者加强对黑猩猩保护的理解，并强调该举措的重要性。

古道尔至今仍致力于黑猩猩保护活动，不过在她早年间因研究黑猩猩而广为人知的时候，她与贡贝地区以外的黑猩猩保护和其他动物的保护活动并没有交集。声名远播的古道尔坚持推动黑猩猩保护活动，四处奔走谋求协助，反对用黑猩猩进行动物实验。可惜这项事业的进展始终算不上一帆风顺，甚至令她腹背受敌。熟识古道尔的人证实，令她作风大变，义无反顾地投身于保护和关爱黑猩猩活动的契机，是 1986 年芝加哥召开的一场黑猩猩保护座谈会。那时，古道尔刚刚出版了她集大成的著作《贡贝的黑猩猩》(*The Chimpanzees of Gombe*)。这场座谈会揭示了黑猩猩艰难的现状，以及近年来生存环境每况愈下的窘境。有人甚至在会上提出:“照这样下去，在不远的将来，我们所研究的黑猩猩将彻底销声匿迹。”此后，古道尔将更多精力投入黑猩猩保护和关爱活动中。在许多医学研究机构中，黑猩猩的饲养环境极其恶劣，甚至被当作实验动物残忍对待。古道尔始终坚持告发这种行径，并为此倾注了无数心血。她马不停蹄，披星戴月，毅力之深和意志之坚决，令友人们感到震惊。

珍·古道尔（左）与世界自然保护联盟灵长类专家小组组长拉塞尔·米特迈尔

如今，耄耋之年的古道尔仍在四处奔走，举办关于黑猩猩的演讲，向世界各地的人们介绍黑猩猩赖以生存的森林，以及守护它们的意义。2003 年 4 月，我曾作为华盛顿分社的特派员在美国国务院采访过出席活动的古道尔。小布什政府时代，美国退出了《京都议定书》(Kyoto Protocol)[①]，对环境保护的态度相当消极。不过前些年，在里约热内卢联合国环境与发展大会十周年之际，联合国于约翰内斯堡召开了“里约 +10”会议。会上提出了一项保护刚果河流域森林、

---

① 即《联合国气候变化框架公约的京都议定书》，是公约的补充条款，于 1997 年 12 月在京都制定。

提倡可持续发展的大型项目。会议展现了保护自然积极的态度。彼时的美国国务卿鲍威尔（Colin Luther Powell）正是古道尔的至交。

用古道尔自己的话来描述，这场为纪念世界地球日而召开的座谈会，开场便令人印象深刻。一阵模仿黑猩猩在森林中互相呼唤的尖锐叫声拉开了会议的帷幕，引起此起彼伏的惊叹。会上提出："由于黑猩猩赖以生存的森林日渐减少，已越来越难维系它们的总数量了。"同时，会议强调了彻底禁绝捕食野生动物的必要性。鲍威尔表示："我们会持续投资，预计至 2005 年将投入 5000 万美元，与保护团体和企业携手，进一步推动保护世界第二大热带雨林现存的原生林及刚果河流域。"从此以后，美国政府始终在为刚果河流域提供援助。

人类的阴暗面

古道尔打从在贡贝沉迷研究时，就深刻意识到了黑猩猩面临的严苛现状，同时也对人类活动招致了这一切恶果的事实了然于胸。她在著作《黑猩猩在召唤》（*In the Shadow of Man*）中写道："黑猩猩的肉在许多地方都被视作美食，能卖个好价钱。对缺乏蛋白质摄入的非洲人来说，甚至可能出现这样一幅可怖的画面：生肉市场上，屠夫将一只黑猩猩母亲切成细条，它的孩子被绑在旁边眼睁睁地看着，等待着自己被养大当成肉卖掉的那天。”古道尔对丛林肉狩猎的现状进行了详尽的介绍，进而指出：“农业和林业的扩大，极大地威胁了黑猩猩赖以生存的家园。”

这并非多么久远的事情。古道尔在 2003 年接受我采访时提到：“偷猎被称为丛林肉狩猎。贫困的人不是为了果腹，而是为满足城里人尝鲜的一己之私杀死野生动物，卖掉它们的肉。那些违法砍伐的人为了填饱肚子或换点钱花，进入森林偷猎，这不仅伤害了黑猩猩，还与森林破坏有着直接关系。”她进一步指出：“偷猎是有组织的行为，其对象不仅限于类人猿，任何活生生的动物都是他们的目标。肉的价值很高，猎人和中间人都能获得不菲的报酬，而那些对偷猎视若无睹的政府官员，想必也收到了可观的贿赂。”此外，她备感忧虑地表示：“类人猿的生存环境日益恶化。非洲刚果河流域作为它们重要的栖息地之一，如今依然面临着以丛林肉为目的的偷猎和严重的森林破坏。黑猩猩被分裂成 100 只左右一个的小群体，该数量根本不足以维持一个正常的猩群。”

虽然有上述消极的方面，不过古道尔在采访中也提到了美国政府在协助保护刚果河流域上作出的贡献。她提出：“非洲相关国家的政府对丛林肉问题的认知正在逐步加深，事态在渐渐往好的方向发展。碎片化的栖息地和保护区之间建起了回廊。通过回廊，被分离的黑猩猩群之间又能进一步互相交流了。虽任重道远，不过如果能防止森林被进一步砍伐，利用其再生能力，还有可能创造出新的回廊。”古道尔列举了一系列积极的表现，并依然对未来深怀信心。她坚定的话语常在我心间回荡：“当然，日本政府也对此予以了资金支持，市民和保护团体都积极参与到了保护类人猿的事业中来，也为保护研究人员作出了重大贡献。此时此刻，世界正处于前所未有的严峻大环境下，美国布什政权对环保的态度十分消极，人们难免会失去信念。即便如此，也期盼我们每一个人都能坚定地在日复一日的生活点滴中行动起来，将改变世界的愿望铭记于心。”

古道尔著作的日版书名是《森林中的邻居》。乍一听相当安逸，不过原书于 1971 年出版时书名其实是《在人类的阴影下》[1]。这本书后半部分与标题同名的章节里曾这样写道：“我们人类应让黑猩猩活下去，至少要保证（它们的）进化能够延续。”之后一章的标题则名为“没有人性的人类”。古道尔在书中写道：“唯有人类，拥有超凡的头脑和卓绝的智慧，能给森林中黑猩猩的自由蒙上阴影。”她早早便意识到，人类对黑猩猩的存在产生了多么大的威胁，以及这会产生何等深远的影响。古道尔毅然将一生奉献给了黑猩猩保护与关爱事业。我对此并不讶异。

---

① 中文译本即前文的《黑猩猩在召唤》。

生态旅游

保护黑猩猩的方法之一，便是建设那种像开篇曾介绍过的卢旺达为山地大猩猩开设的生态旅游项目。除坦桑尼亚外，乌干达、卢旺达、刚果民主共和国等国也开始推动黑猩猩生态旅游。京都大学研究小组的调查显示，乌干达以大猩猩和黑猩猩为核心的生态旅游收入占全国观光收入的52%。以商业旅游为基础的马哈勒黑猩猩生态旅游十分繁盛。从城市抵达观赏地最快也要花上十来个小时，住宿费也往往不是小数目。坦噶尼喀湖畔的马哈勒地区经营着许多旅馆，游客在这

马哈勒坦噶尼喀湖畔为生态旅游而打造的旅馆

里可以尝遍极具特色的地道美食，赏尽湖景的自然风情，体验一场绝妙的露天盛宴。以黑猩猩为主题的演讲和导游解说水平都很高。除黑猩猩生态旅游外，旅客还能在此享受到坦噶尼喀湖的湖水浴，或在水面畅快泛舟。

不过，短短一年间便接待了逾千名游客也引发了不少问题。大约 10 年前，马哈勒有 12 只黑猩猩因呼吸系统感染而死，病原体很可能就来自游客。京都大学等机构的研究人员通过调查，建议政府限制游客数量，最多 1 日 3 组。不过，旅游机构不时违反规定，让超过 3 组的观光团队进入森林。马哈勒甚至出现过包括追踪员和导游在内，一天有近 40 人去参观黑猩猩的情况。对此，研究者表示："虽说只是一时的特例，不过短短一天内，让 39 人的大型旅行团去观赏仅有 60 只的黑猩猩群体，再怎么想，这种行为导致黑猩猩感染人类疾病的风险都太大了。"

日本和德国的学者纷纷指出旅行团的各种问题，比如不佩戴规定的口罩就接近黑猩猩，或使用闪光灯直接拍摄等。

为获取高额的利润，政府和生态旅行的经营者超负荷地接待着游客。有些导游甚至会为了多领些小费而打破规定，让游客过分地接近黑猩猩。研究人员还指出了其他问题，比如政府主导着观光业的推进，其间获得的收入并不能充分回馈给本地社群等。这也是近年来，在生态旅游发达国家卢旺达也尚未解决的问题。研究人员因马哈勒 12 只黑猩猩死亡而危机感倍增，据此提出了一系列建议。马哈勒采纳了这些建议，严格限制游客的观察时间与人数，并彻底贯彻了游客必须佩戴口罩的铁则。

马哈勒山脉国家公园如今依旧绿意盎然。泛舟而行，环视两岸，时而可见野生的河马，时而能从湖畔森林瞥见不亲人的黑猩猩群。此外，周边还有不少猛禽和翠鸟之类的小鸟。

珍·古道尔曾在坦噶尼喀湖畔的贡贝实现了人类与黑猩猩的亲密接触。约同时期，一样是在坦噶尼喀湖畔，京都大学的西田利贞（已故）也在马哈勒实现了与黑猩猩的接触，在生态研究方面取得了重大成果。以沉迷研究著称的西田，晚年常常把灵长类面临严重灭绝风险挂在嘴边，

马哈勒坦噶尼喀湖畔的美丽风景尚存

并强调保护它们的重要性。当我前往马哈勒取材之际，西田曾对我说：“马哈勒的魅力可不仅仅在于黑猩猩。周围有不可不看的自然风光，还能跳入河中沐浴。不管是为了保护黑猩猩，还是去参加生态旅游，都希望你能享受一场酣畅淋漓的旅程。”

古道尔的研究地贡贝河国家公园，如今也敞开了大门，开始招揽各地的游客。目前看来，马哈勒和贡贝黑猩猩的未来都相对安逸。不过，在众多黑猩猩栖居的森林中，它们可谓例外中的例外。如此前所介绍的一般，许多黑猩猩都面临着各种各样的威胁，它们的栖息地四分五裂。宣传和借鉴马哈勒与贡贝的成功案例，呼吁当地人携手并进，努力寻找保护黑猩猩的方式至关重要。

第三节 / 狐猴的乐园

这里是距马达加斯加首都塔那那利佛（Antananarivo）不远处的安达西贝－曼塔迪亚国家公园（Andasibe-Mantadia National Park）。踏入这片比想象中更为通透的森林之际，我的耳畔突然响起一阵尖锐而高昂的动物叫声，这叫声使得周围的空气仿佛都微微颤动起来。我们紧随导游的步伐，匆忙向声音的源头跑去。眼前 15 米高的树上惊现一只黑白相间的毛茸茸的生物。它正朝远处张望着，不时发出锐利的叫声，尖尖的鼻头昭示了这是一只狐猴。声音的主人名为大狐猴（Indri）。非洲东岸的印度洋岛国马达加斯加境内共有狐猴 100 种以上，大狐猴是体型最大的一种。

马达加斯加的国家公园和森林保护区针对灭绝风险极高的狐猴采取了半自然繁殖的方针，在各处都建有相应设施。由于公共交通并不发达，在当地绕上一圈耗时甚久。首都热闹非凡，近郊则贫困民家林立，四处可见小小的水田。再往远处走，民宅越来越少。放眼望去，广阔的平地上遍布旱田、水田和光秃秃的荒地。

拉塞尔·米特迈尔以在马达加斯加研究灵长类知名，他在这片土地上发现了狐猴的许多新品种。米特迈尔向我们解说道："马达加斯加已失去了九成以上的森林。激增的人口和贫困的现状使当地人将森林开垦成耕地，不过这些土地短期内无法孕育农作物。被放弃的荒地与沙漠化地带不在少数。在接下来这段漫长的路程中，我们怕是要欣赏一阵无趣的风景了。"诚如他所说，沿着平稳的斜坡行去，荒地一望无尽。

我们从首都起飞，乘小型飞机一路横跨小岛，飞向西岸。放眼望去，满目尽是针山[①]那刺眼的灰色。这里是黥基·德·贝马拉哈自然保护区（Tsingy de Bemaraha Strict Nature Reserve）。此处的石灰岩历经漫长岁月的侵蚀与打磨，形成人类无法靠近的险峻地形。米特迈尔表示："马达加斯加的狐猴适应了各种各样的环境，实现了多样进化。它们甚至能够栖居在此处的针山中。"

令人扼腕的是，马达加斯加的大多数狐猴正面临灭顶之灾。历经漫长的岁月，于这座小岛各处走在独特进化之路上的生物，正因灵长类"人类"的所作所为而深陷危机，甚至有可能在我们的时代就销声匿迹。

---

① 一种喀斯特石灰岩地貌，岩石尖锐，形似针山，是该自然保护区的代表性地貌之一。

固有种遍地

“在 103 种马达加斯加狐猴中，面临灭绝风险的已有 93 种。严格的数据测算显示，94% 的狐猴现已濒危。可以说，马达加斯加狐猴是世界上面临生存威胁最严重的物种。”2013 年 8 月，世界自然保护联盟总结并发表的关于狐猴现状及未来保护战略的综合报告如是说。2008 年的评价中提到，在 101 种狐猴中，陷入濒危的有 37 种。如今，再细细调查当初“数据不足”的 42 种，可知大多都是濒危物种。

世界自然保护联盟的数据指出，93 种狐猴中，确定为濒危三等级中最高“极危”级别的共有 24 种，相对 2008 年的 6 种可谓大幅度增加。第二级“濒危”的有 49 种，最低级别的有 20 种，而 2008 年该数据则分别为 17 种和 14 种。3 个级别均有所增加。

“极危”状态的除了大狐猴外，还有三种倭狐猴（Mouse Lemur）、獴美狐猴（Mongoose Lemur）、黑白领狐猴（Black-and-White Ruffed Lemur）和大竹狐猴（Greater Bamboo Lemur）等。据推算，毛发蓬松的丝绒冕狐猴（Silky Sifaka) 仅剩下 250 只，即将灭绝。维氏冕狐猴（Verreaux's Sifaka）、指猴（Aye-aye）和环尾狐猴（Ring-tailed

Lemur）在林间横向跳跃穿梭的姿态常被抓拍和播放，它们的等级下降了一级，成为“濒危”。

位于非洲大陆东岸印度洋上的马达加斯加岛总面积为58.7万平方公里，是国土面积接近日本1.5倍的岛国。这座岛屿栖息着原猴亚目（Strepsirrhini）下原始灵长类的一类。这些形形色色的灵长类统称狐猴，其种类数量经近期的重新评估，上升至107种，仅次于巴西的132种。马达加斯加灵长类的地位至关重要，关键原因是这107种灵长类全部是仅当地存在的固有种。另外，在巴西的132种中，固有种有81种。

体型最大的狐猴是上文介绍过的大狐猴，身长接近70厘米，体重接近10千克。最小的狐猴来自倭狐猴属，它们的体重只有30克，身长还不到10厘米。其中最小的当属2000年发现的新品种贝氏倭狐猴（Madame Berthe’s Mouse Lemur），这是世界上最小的灵长类。日本童谣中频频出现的指猴也是狐猴的一种，是马达加斯加的固有种。在日本广为人知的环尾狐猴则得名于它们尾巴上的环节斑纹。狐猴的多样性令人啧啧称奇，从大型到小型，从白天行动到夜间行动，饮食习性也各自不同。此外，随着研究逐步推进，马达加斯加的狐猴品种仍在继续增加。1990年以后，世界新增灵长类100余种，其中有51种，也就是约占总体半数的品种来自马达加斯加。

种类众多

大狐猴是一种毛色黑白相间，鼻头尖尖，体形优美且极富特色的狐猴。它们生活在马达加斯加从东部到东南部区域接近低地的热带雨林中，主要栖居在林间的树梢上。大狐猴多为雄雌两只结伴，多对组成群体行动。它们最大的特色在开篇也曾提及，那便是独特的鸣叫声，甚至从 2 公里外都能听得一清二楚。大狐猴的数量约为 1000 只到 10000 只，推算数量差额较大。不过通过近年来大狐猴的生存密度逐步降低可知，该物种的数量正在急速减少。

体型最小的贝氏倭狐猴仅存在于马达加斯加西部的海岸附近。它们现在的栖居范围大约是 810 平方公里，种群数量约为 8000 只，不过详细情况尚不为人知。贝氏倭狐猴栖息地周边的森林植被破坏十分严重，导致它们深陷灭绝的风险。

指猴在夜间出没，现只有 1 属 1 种。童谣中描绘的那种有着呼扇呼扇的大耳朵、有神的大眼睛、以及长长尾巴的灵长类正是指猴。前足中指长得突出也是它们显著的特征之一。指猴可以将这根中指伸到树皮下或树木的洞穴中，拽出藏匿其中的昆虫幼虫，以此为食。它们也是“世界奇妙动物排行榜”

和“最丑灵长类排行榜”上的常客。在“Aye-aye”[①]这个现用名正式确定前，它们曾被称为“Long-fingered Lemur”[②]。指猴在马达加斯加有“死神化身”的别称，不太受到人类的喜爱。由于它们会用修长的手指在农作物或果子上面挖洞，因此也常被当地人视作害兽驱赶。此外，指猴的分布领域和种群数量都十分有限，是一度险些灭绝的动物。

热点地区

除了狐猴，马达加斯加还有许多鸟类、变色龙和两栖动物。大约 1.6 亿年前，这里的鸟儿离开非洲大陆，步入独立进化之路，衍化出了许多固有种。栖息着众多生灵的马达加斯加被誉为“生物多样性热点地区”之一。在这座岛屿上，植物的多样性也十分惊人。它们形态独特，千奇百怪。童话《小王子》中的猴面包树（African Baobab）在马达加斯加恣意地大量生长着。这里的大多数植物都是固有种，而成为生态热点地区的条件之一，便是拥有大量的固有种，整片地区富于生物多样性。随着人口增加，耕地开发和矿山开发的加速，马达加斯加森林也受到很大影响，流失了九成以上的植

---

① 一说指哭喊声。

② 长指狐猴。

许多变色龙固有种在此栖息

一只能卖数百万日元的安哥洛卡象龟（Angonoka Tortoise），是“极危”级的固有种生物

大道两旁遍布造型独特的猴面包树

被。目前森林仅存 5 万至 6 万平方公里。

20 世纪 70 年代至 90 年代，马达加斯加的森林破坏始终在加剧，森林植被在以每年 1.7% 的速度消亡。与其他发展中国家不同，马达加斯加并无大规模的商业砍伐，也基本没有油棕属植物。追根溯源，在这种背景下，马达加斯加森林植被的丧失，主要是由人口急速增加导致岛屿各处出现小规模耕地开发造成的。要阻止该现象继续蔓延绝非易事。马达加斯加的农民时常会将砍倒的树木静置在地面，等它们彻底干透再点上火，实施可以滋养土地的火耕。这种现象在当地十分普遍，即便今时今日再到农村地区看上一看，依然随处能见到相似的光景。这不仅是突发森林火灾的原因之一，也在加剧森林破坏。部分地区的居民借助各种各样的新科技，试图提高大米的产量，但在贫瘠的马达加斯加农村，最为传统的火耕恐怕是唯一现实的选择。

马达加斯加森林植被流失的另一个原因是为制造木炭而大量砍伐林木。不过，这里并不存在刚果民主共和国那般大规模的采伐产业。在这片连电力和煤气都没有的土地上，日常的能量来源只有木材和木炭，因此森林植被丧失的原因更多的是为了生产木炭。马达加斯加不像日本一样用炭窑烧炭，而是跟卢旺达贫困地带的做法一样，在地面挖个洞，丢入木材熏制。这种简单的烟熏法能造出大量的木炭。在马达加斯加驱车前行，道路两侧尽是一堆又一堆装着木炭的大袋子，静静等待着买家。最近，城市里已经做好了煤气和电力更新换代的准备，不过廉价的木炭依然备受青睐，需求量很大。我们经常在路上见到大卡车驶过，卡车上堆满了运往城市的木炭。另外，对于贫困的农家来说，木炭也是他们收入来源的一部分。制造木炭与火耕一样，既是森林破坏的一大原因，也是森林火灾的隐患。

违法砍伐

即便不及非洲大陆的情形那么严重，马达加斯加的森林也不乏以商业为目的的采伐。由于地理位置偏远且运输不便，这座岛屿的伐木需求没有大陆诸国那么明显。但由于大陆森

继续砍伐所剩无几的森林

林中高价树木和大径木逐渐减少，马达加斯加的森林资源逐渐受到关注。以红木和乌木为首，价格不菲的树木开始遭人觊觎。过去，当地的森林采伐主要用于城市建设。而如今，其他国家森林资源的减少，以及亚洲对木材需求量的加大，导致马达加斯加的木材输出量也急速增加。20 世纪 90 年代后半期到 2007 年的木材年输出量是数千吨，尚不惊人，但调查显示，2008 年该数据增至 1.3 万吨，2009 年则已高达 3.5 万吨，增速令人咂舌。

由于权力分散到了地方，地方政府为了保障收入，一定程度上默许了在禁伐区内砍伐的行为。在一些保护区，连国

入眼尽是无限蔓延的荒废土地

路旁售卖的木炭

家公园内部的违法砍伐都接连不断。2005 年，联合国教科文组织指出，登记在册的两家国家公园内均出现了违法砍伐横行的现象。2008 年 9 月，马达加斯加爆发了由军队主导的武装政变，一时间，国内出现了两名总统和多名总理，政治局势一片混乱。在多方国际援助下，情况最终得到了控制，不过破坏环境、非法狩猎、非法野生动物交易以及违法砍伐森林等环境犯罪问题变得更加严重。生长在森林保护区以外的高价红木与乌木已寥寥无几，这种恶劣情况大抵都拜非法砍伐所赐。“极危”的红领狐猴（Red Ruffed Lemur）与其他一些好食乌木树叶的狐猴也成了受害者。

通常情况下，高价树种的采伐并非皆伐[①]，而是择伐，对环境的影响要相对小一些。不过从现场的情况来看，择伐同样涉及建设采伐道路，采伐机器也必须深入森林，依然会进行大范围砍伐。偶尔，还需要砍伐许多略为廉价的木材作为输送车上的挡板。我不禁深深意识到森林砍伐带来的影响不容小觑。

2013 年，在曼谷召开的《华盛顿公约》成员国会议上，许多物种被列入条约的附录 2。附录 2 囊括了马达加斯加的 48 种红木、乌木，以及 83 种柿树科植物等因国际商业交易而濒临消亡的物种。公约规定，凡涉及进出口业务，输出国

---

① 指在某地区砍伐全部或大部分树木。

必须颁发输出许可证。现在，国际社会开始着手处理马达加斯加横行的非法砍伐问题，不过由于为时尚短，效果还有待检验。

输向日本的镍

矿物资源的大规模开采也是破坏马达加斯加自然环境的重要原因之一。由于钛金属的耐久度高，因此在发达国家被广泛用于制造电脑、手机等产品。马达加斯加是能够出产钛的钛铁矿主要产地之一，由于国际企业的大量需求，开采仍在持续。马达加斯加出产的蓝宝石同样颇具盛名，也有些企

为建设安巴托维镍矿运输管道而砍伐林木

业以小规模经营的形式采掘着黄金等贵金属。

环保人士密切关注着马达加斯加自然保护与矿山开发间的关联。马达加斯加东部的安巴托维（Ambatovy）有着大规模采掘镍矿的项目。镍除了是不锈钢合金的基础素材外，也广泛用于电池制造、电子材料等领域。由于近年来手机以惊人的速度普及，全球对镍的需求也产生了爆发式的增长。

安巴托维矿山与法属新喀里多尼亚（New Caledonia）和印度尼西亚的镍矿并称世界三大镍矿。据推算，这里的镍埋藏量大约有 1.7 亿吨。加拿大主导着这里的开发项目。2005 年，日本的住友商会也加入进来，开发项目于 2007 年正式展开。开发人员甚至建造了一条长达 220 公里的镍矿运输管道，从距首都约 80 公里、海拔 900 米的高地，直通向海边的运输港。

“本公司砍伐的是桉树这种次生林，不会对环境造成影响。”“我们为了保护森林和林间的生物，进行了各种各样的努力。比如为保护矿山周边的稀有生物而设置了缓冲区域；针对濒危物种，架起了方便动物移动的桥梁；此外，对大规模的植被也采取了许多环保方针。”企业如是说。然而，当地的保护团体却与之意见相左，他们忧心忡忡地表示：“运输管道建在了《拉姆萨尔公约》[①] 中登录在册的湿地里。建设这条

---

① 《国际重要湿地特别是水禽栖息地公约》（Convention on Wetlands of Importance Especially as Waterfowl Habitat），1975 年 12 月 21 日生效，旨在保护国际重要湿地。

管道，必然会导致森林片段化。”2008 年，我造访了运输管道的兴建现场，彼时已有大片的森林植物遭到砍伐。相关保护人士批判道：“运输管道贯穿了两大国家公园。原本两家公园理应由绿色回廊相连，而此地的情况却正相反。”工人们从2012 年开始在这座矿山展开了工作。2013 年，日本首次从这座镍矿进口资源，并对此进行了铺天盖地的报道。当时，该项目的宣传口径为：“日本独占了这座镍矿，对当地人的就业和地区开发都作出了突出贡献。”然而 2016 年 1 月，住友商会正式宣布，他们“在安巴托维项目上损失了约 770 亿日元”。竣工比预期晚了两年，消耗了原计划两倍的时间。此外，镍价的下滑导致项目收益大不如前，商会不得不设法止损。

此外，居住在矿山周边森林的大狐猴感染寄生虫的概率明显上升了。据调查，矿山开发难辞其咎。不管是对马达加斯加也好，还是对日本、加拿大这些发达国家也好，这项事业能否被称作“双赢”着实存疑。

狐猴与丛林肉

世界自然保护联盟于 2013 年发表了关于马达加斯加狐猴现状和保护方案的报告，报告中的数张照片里不仅有身中套索陷阱、死后被焚烧的狐猴，还有被猎人射杀、尸体被运走的大狐猴。近来，相关人士开始担心本就在减少的狐猴进一步消失，面临灭绝风险。遗憾的是，狐猴因丛林肉捕猎被杀的案例仍在日益增多。

我为了解狐猴现状前往马达加斯加取材是在 2008 年 8 月。那时，非洲诸国鲜少有丛林肉狩猎横行的状况。有的地区即便捕猎狐猴，也不会吃掉它们，这是当地人恪守的老规矩。然而，越来越多的调查结果显示，最近马达加斯加出现了大量丛林肉狩猎现象。这种做法显然不可持续，还大大加快了狐猴减少的速度。

英国班戈大学（Bangor University）的科研小组与马达加斯加的民间团体携手，从 2000 年起历经十年，以马达加斯加东部为中心探访并调查了 1154 个家庭。调查结果显示，食用过违禁捕猎的 30 种动物的人占全体的 95%，吃过 10 种以上的人达到了 45%。这 30 种动物中包括大狐猴、大竹狐猴和冕狐猴等“极危”级的狐猴。

根据市场调查，在 489 例售卖哺乳动物的案例中，有 246 例都涉及严禁捕杀的动物，它们中的大部分都是狐猴。该调查中也出现了许多极度濒危的狐猴，如大狐猴、红领狐猴、黑白领狐猴、冕狐猴等。

如今，依然有人遵从不吃狐猴的古老传统。不过研究小组通过对比过去的数据发现，这种传统在许多地方已被抛诸脑后。矿山开发、森林采伐以及社会动荡等因素导致国内的流动人口增加，地域固有的风俗习惯不复存在。研究小组指

马达加斯加首都塔那那利佛郊外，农地贫瘠，有着大片水田

出："从狐猴数量呈减少趋势可知，目前的丛林肉狩猎并非可持续发展的行为。长此以往，这将对地域生态系统和依赖稀有动物的生态旅游产业产生极为恶劣的影响。"小组同时强调了开拓新自然保护区，改进法律执行体制的重要性。

美国费城大学（Philadelphia University）和马达加斯加安齐拉纳纳大学（University of Antsiranana）的调研小组对马达加斯加丛林肉狩猎的状况展开了持续调查。2013 年 5 月至 8 月，研究人员对狐猴狩猎最为猖獗的马达加斯加北部进行了探访，并将调查结果整理成报告。内容包括对马达加斯加境内 21 座城镇中 1341 户家庭进行的访谈，以及对 9 座城镇中 520 家餐馆展开的实地调查。小组发现，违法捕猎及消费包括狐猴在内的野生动物的现象层出不穷。在野生动物的食用量上，都市比地方要多一些，最多可达 166 千克。此外，捕猎野生动物的人可能会将它们运送到极远的地方。对此，研究小组分析称："马达加斯加的野生动物消费比我们想象中更加根深蒂固。"

另一点不容忽视的是，比起商业养殖的肉鸡，丛林肉富含更多铁等微量元素，具备更高的营养价值。食用丛林肉的孩子因缺铁导致疾病的概率也相对较低。这并非只是存在于马达斯加的问题。以农村为中心，人口逐渐增加，到偏远地区从事砍伐劳作和矿山挖掘的贫困工人也日益增多，导致越来越多的人只能依赖食用丛林肉来摄取蛋白质。严苛的现实是这些工人不比城里人，很难付得起买肉钱。强化禁止狩猎濒危狐猴等生物的法律执行机制固然重要，不过有些研究者则认为具体情况要具体分析，当地人营养摄入不足，严重的情况下甚至可能因体衰致病，这同样是个不容小觑的问题。

有人提出了解决农村贫困的方案：一方面振兴相对高质量的养鸡和养鱼业，力求提升当地人的生活水平；一方面在不降低人类营养摄入水平的基础上，尽可能减少丛林肉狩猎。遗憾的是，目前这一概念尚未推广普及。

夜晚的森林

马达加斯加西侧安卡拉凡兹卡国家公园（Ankarafantsika National Park）的森林没入了暗夜。我们刚看到树梢停着一只指尖大小的变色龙（Chameleon），突然又发现再远些的地方有只身长 15 厘米以上，瞪着大眼睛的变色龙。林中许多司空见惯的鸟儿正在树上相互依偎着休憩。夜晚的森林展现着与白天截然不同的风景。导游执起手电筒，朝着静静伫立的树木照去，将灯光停在了其中一点，问："大家看得到那边的小动物吗？"

我定睛注视，将相机朝向导游所指的方向，透过摄远镜头的取景器能看到一只褐色生物的背影，形似老鼠。它缓缓地转过身，小小的眼睛在暗夜里反射出晶莹的光芒。这便是我们得见夜行性倭狐猴的瞬间。

在短短一周的取材过程中，马达加斯加向我们展示了它极为多样的自然风貌。不过，有太多种生物不得不拥挤地在这片极为有限的空间中共同生存。

第四章

亚洲多样的灵长类

加里曼丹岛与越南

第一节 / 森林之子　红毛猩猩

明明还不到正午，热带毒辣辣的日光便已晒得人浑身发烫。小船没有遮挡太阳的顶棚，在烈日的炙烤下我们根本无处遁形。拥有多彩鸟喙和羽毛的马来犀鸟（Rhinoceros Hornbill）在雨林间穿梭着。林子深处传来长臂猿的叫声，偶尔还会有濒临灭绝的长鼻猴（Proboscis Monkey）的身影闪过。在树木间缓缓穿行的褐色生物则是濒危的红毛猩猩，它们正在用长长的四肢灵巧地将果子送入口中。热带雨林尚存的村庄周围似乎成了濒危野生动物们的乐园。我们在加里曼丹岛的马来西亚沙巴州（Negeri Sabah），沿京那巴当岸河（Kinabatangan River）航行。这里有座仅生活着约 1200 人的小村庄斯卡乌。村庄周边，沙巴州政府、民间团体和当地住户联合进行着红毛猩猩的保护与研究，并为此积极推动着森林的再生项目。

驶出村庄的小小码头，沿着河岸前行约 30 分钟，小船便抵达了研究区域，项目小组的成员与志愿者已在岸边迎接。这个小组的代表是一位名叫米斯林·艾拉汉的年轻女性，她是环保团体“HUTAN”的成员。这支队伍以斯卡乌为大本营。

“大家来得正是时候，前面不远处就有红毛猩猩出没。”米斯林边说，边带着我们在林中漫步。沿着河流前行，两侧所剩无几的森林很快消失了踪影，取而代之的是漫无边际的农场和不断出现的油棕。沿着种满油棕的道路行进片刻，我们的眼前再度出现一幅热带雨林画卷。高高的树上，有只高大的红毛猩猩母亲正带着它年幼的孩子安静地进食。它不时抱着幼崽，灵巧地在大树间穿梭。米斯林向我们解说道：“它叫珍妮，孩子才刚刚出生，还没来得及起名字。旁边稍大的雄猩猩是马吕斯，更大一点的雄猩猩则是大海。它们都是珍妮的孩子。1980 年以来，我们在这里发现了 32 只到 33 只红毛猩猩。保护这片对研究起着重要作用的土地十分重要。像珍妮一样具有生育能力的红毛猩猩少说有 3 只，繁殖的过程可以说是十分顺遂。”

周边的森林远称不上是原生林，却维持着不错的状态。可惜，如今像这样的森林也所剩无几。1950 年开展的大规模森林砍伐招致了恶果，大片森林变成了荒地。近年来，为获取生物燃料，提取植物油，人们在此种植了大量的油棕，这也同时加快了森林减少的速度。对于需要宽阔居住空间的大象和红毛猩猩来说，栖息地遭“片段化”可以说是致命的。被困在有限

米斯林·艾拉汉，来自保护红毛猩猩的组织 HUTAN

的空间中，动物会日渐稀少。那些离开森林觅食或为寻找其他森林而背井离乡的动物若误入农场，难免与人类产生冲突，最终结果便是野生动物遭到人类的敌视，甚至被杀害。即便形势不致如此，野生动物被伤害的现象也会逐渐增加。

我们的项目设置在政府尚未砍伐和开发的森林里，那里绿意犹存。米斯林说："红毛猩猩在长距离移动的过程中会广泛播撒植物的种子。但凡有健全红毛猩猩群存在的森林，完整性就相对较好。"

此处的红毛猩猩"亲人"的程度相对较高，并不十分怕人。珍妮抱着刚出生不久的孩子，刺溜刺溜地滑下树，来到我们伸手就能碰到的地方。紧紧抱住母亲的小猩猩忽闪着大眼睛，仔细盯着这群人类。反倒是我们，由于与这对红毛猩猩母子的距离太过接近，匆忙向后退去。珍妮再度利落地抱着孩子爬上另一棵树，开始进食。小组的研究人员翻开笔记本，专注地记录着红毛猩猩的一举一动。

“白天，我们会尽可能地追踪红毛猩猩，记录它们的行动轨迹和饮食内容什么的。有一次在追踪红毛猩猩的过程中，我们与象群不期而遇，仓皇地逃到树上瑟瑟发抖。缓过神来，那只红毛猩猩正紧抱着旁边的树，低下头看着我们，想来真是好笑极了。”米斯林笑得开怀，而事实上研究森林中的大型类人猿可是要拼上性命的工作。

森林之子

在马来语中，红毛猩猩的含义是“森林里的人”。它们生活在海拔 500 米以下的低地热带雨林中，平常栖居在树上，是一种大型类人猿，目前正陷入严重的危机。除了此地的婆罗洲猩猩，红毛猩猩还有一种居住在印度尼西亚的苏门答腊猩猩。雄性的身高接近 1 米，体重近 90 千克，是体型仅次于大猩猩的类人猿。它们的特征是有红褐色的长毛，成年雄性红毛猩猩的两颊还有鼓起的肉垫。红毛猩猩主要以吃植物为生，栖居在树上，基本不会像黑猩猩和大猩猩那样大范围地聚集并群居生活。

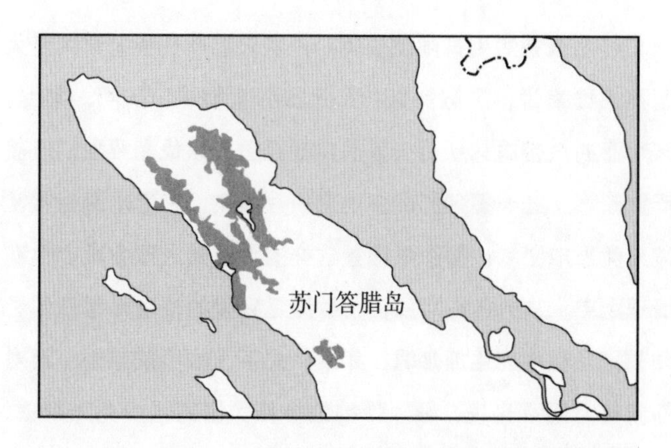

世界自然保护联盟提供的苏门答腊猩猩分布图

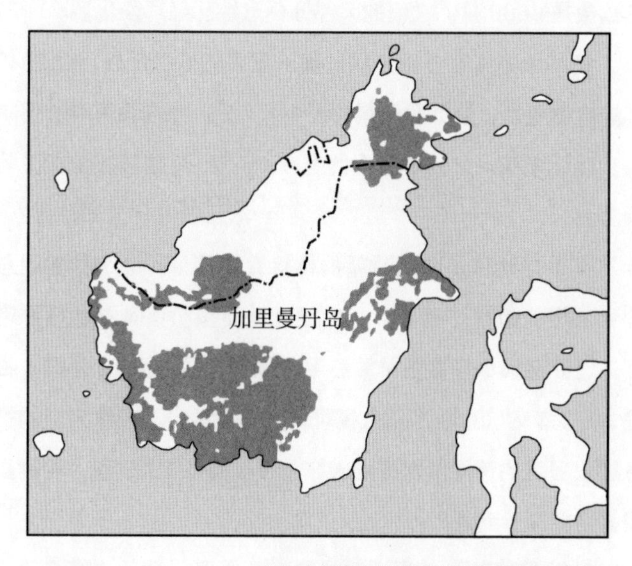

世界自然保护联盟提供的婆罗洲猩猩分布图

红毛猩猩的生育周期很长，一次只能产一子。对所有大型类人猿来说，广阔的森林和大量的食物缺一不可。然而，东南亚的热带雨林从很久以前起就经历了砍伐和开发，已被严重破坏。红毛猩猩的栖息地变得片段化，它们本身也常常被人类当成猎物。像红毛猩猩这样的大型类人猿会减少也在情理之中。从分布图可知，两种红毛猩猩的栖息地都遭到了分割，且程度在逐渐加深，如今只剩下了很小的范围。而对苏门答腊猩猩来说，栖息地的缩小和数量的减少尤为严重。它们在第一章开篇介绍过的“世界25大濒危物种”中也榜上有名，曾被这样描述：“根据最近的推算，这种红毛猩猩的种群数量是6600只。它们的大部分栖息地已经片段化。”

婆罗洲猩猩在沙巴州的数量一度多达5.5万只，但2010年的数据显示，该数量已减少至1.1万只。州内设有森林保护区，然而面积十分狭小。大约有65%的红毛猩猩在保护区外栖息。

世界自然保护联盟最新的推算数据显示，红毛猩猩的总数令人极为担忧。根据尚存的栖息地面积和该种群的栖居密度，世界自然保护联盟推算红毛猩猩的数量约为10万只，相较1973年的28.85万只来说可谓大幅度减少。如果它们的栖息地以当下的速度继续遭到破坏，那么到了2025年，种群数量甚至会减少到4.7万只。

红毛猩猩数量大幅锐减的另一个原因，是无法禁绝的非法交易和狩猎行为。数据显示，仅统计加里曼丹岛的印尼加里曼丹地区，每年就有 2000 只到 3000 只红毛猩猩因各种理由遭到杀害。

森林火灾下的牺牲

加里曼丹岛约 10 年一次的大规模森林火灾是红毛猩猩面临的另一大威胁。1983 年与 1989 年，伴随着厄尔尼诺现象，大规模森林火灾降临在加里曼丹岛东部的国家公园，摧毁了园内近九成的土地。报告显示，栖居在此的红毛猩猩从 4000 只减少到 600 只。

根据印度尼西亚环保团体“婆罗洲猩猩幸存者基金会”提供的数据，印度尼西亚 2005 年有约 800 只、2006 年有超 1000 只红毛猩猩死亡。2015 年和 2016 年，加里曼丹岛都爆发了大规模的森林火灾，许多红毛猩猩因此而亡。环保团体认为，其中固然有自然发生的森林火灾，但大型森林火灾往往是由于开发耕地或油棕园时违法烧荒导致的。他们担心，如果今后全球变暖加剧，那么森林火灾的风险也会随之上升到新的高度。

据推算，综合上述要素，红毛猩猩的数量在过去 40 年间减少了一半。世界自然保护联盟认为：“再这样下去，21 世纪中叶，红毛猩猩便会基本灭绝。”2008 年，婆罗洲猩猩的濒危级别还在“濒危”，2014 年的评估已将其与苏门答腊猩猩列入危险度最高的“极危”等级。

黯淡的未来

红毛猩猩面临的未来十分严峻。“若森林破坏和全球变暖以目前的速度继续发展，那么到了 2080 年，居住在东南亚加里曼丹岛的大型灵长类红毛猩猩将会失去八成栖息地，该物种将会灭绝。”这是 2015 年联合国类人猿生存合作组织（Great Apes Survival Partnership，GRASP）的研究小组在关于婆罗洲猩猩未来的调查报告中所说。

研究小组以人造卫星提供的图像数据为依据，针对加里曼丹岛森林破坏和全球变暖发展的情况，用电脑进行了推演。此外，小组还推算了截至 2080 年，这里能剩下多少红毛猩猩宜居的森林。

结果显示，2010 年红毛猩猩宜居的森林面积有 26 万平方公里。此后森林持续遭到破坏，主要原因是为生产食用油而大范围种植油棕。据调查，因此而遭到破坏的森林很可能达到了 15.5%。通过解析人造卫星图像，可知印度尼西亚红毛猩猩的主要栖息地，即国家公园持续有大范围的违法砍伐。全球变暖造成的降水量减少也产生了恶劣影响。预计到 2080 年，红毛猩猩的栖息地将仅余 4.9 万平方公里到 8.3 万平方公里，栖息地的 68% 至 81% 将会消失。联合国类人猿生存合作组织指出，为保护红毛猩猩，应强化保护其栖息地的措施，如设立森林保护区，采取相应的采伐管制等。

油棕大爆发

遗憾的是情况依然在恶化。近 20 年间，在红毛猩猩的两个栖息国马来西亚与印度尼西亚，使其生存环境恶化的要因之一是两国急速扩大种植的油棕。棕榈油这种植物油就提取自油棕。棕榈油可用于调制化妆品和加工汉堡等食物，在制作点心方面也应用颇为广泛。日本同样是该产品的进口大国。2006 年，棕榈油的产量超过了大豆油，成为世界上消费量最大的植物油。印度尼西亚和马来西亚就是两大生产国。

我们乘飞机前往加里曼丹岛，计划在山打根（Sandakan）机场降落。即将抵达时，飞机开始缓缓降落，我们透过窗口向外望去，遍地油棕，简直给人一种即将没入油棕之海的错觉。抵达吉隆坡机场时也是同样一番光景。从山打根到斯卡乌大约有 120 公里的陆路。一路上，道路两侧几乎全是无限蔓延的油棕。从高处放眼望去，眼底也尽是无边无际的油棕园。2011 年，我曾来到斯卡乌村及其周边取材，同时寻找红毛猩猩。4 年后，当我再度踏入此地时，发现村庄面积已经翻番，出现了未曾见过的榨油工厂。工厂的烟囱里，白色的浓烟正腾空而上。

油棕园里密密麻麻地种植着油棕，周围围着会释放高压电流的围栏，以阻止动物和人类闯入。对于红毛猩猩和大象来说，这些围栏成为阻碍它们移动的庞然大物。照理说，河岸附近不应建设油棕园，不过由于大量的资金涌入，这里还是兴建了许多。巨大收益的代价是河岸边的森林日渐稀疏。为建起油棕装卸场地，河边的树木应声而倒，沙土翻滚着落入河川。

片段化加剧

油棕林的扩大还导致了人权问题。

铁皮檐下是一户户贫困家庭，脆弱的墙壁在推土机的侵略下轻易便溃不成军。吵闹哭喊着的孩子们，高声抗议着扑向推土机的当地男子，以及奋力从背后死死钳住这名男子的朋友——这是 2011 年 11 月斯卡乌村郊外的真实景象。此后不久，在我来取材时，当地环保团体的成员向我展示了刚刚那一幕。“这 1.6 万平方公里的土地上原本住着 27 个家庭。他们与种植油棕的企业对簿公堂，却遗憾败诉，许多人被迫背井离乡。孩子们因恐惧而哭泣不止的样子让人于心不忍。”拍摄这段视频的环保团体成员难掩怒意：“企业不缺钱，付得起高昂的律师费，在政府面前也吃得开，村民们怎么是他们

通电围栏

的对手。油棕根本就不是为了当地人种的，这是显而易见的事实。”如今，这片土地已彻底成为种满了油棕的林地，早已没有了人烟。

在世界最大的棕榈油生产国印度尼西亚，油棕的覆盖范围也在急速扩大。2017 年，印尼的年生产量已达 4000 万吨，是 2000 年的两倍以上。印度尼西亚政府公布的数据显示，2010 年油棕园的面积比 1990 年足足扩大了 7 倍，2013 年达到 8.4 万平方公里，其中有 64% 集中在苏门答腊岛，32% 则在加里曼丹岛。

为打造油棕林而废弃的民居

马来西亚油棕园的占地面积为5.2万平方公里，沙巴州占其中的1.5万平方公里，相邻的砂拉越州（Negeri Sarawak）则占1.2万平方公里。油棕园的扩大对森林生态系统影响严重。推算数据显示，在过去的40年间，55%至60%的森林植被遭破坏都是油棕园扩大所致。

法国出生的灵长类学者伊莎贝尔·拉克曼（Isabelle Lackman）是1998年创立HUTAN的人之一。她从1996年起就在此地积极从事保护红毛猩猩的活动。拉克曼对它们的

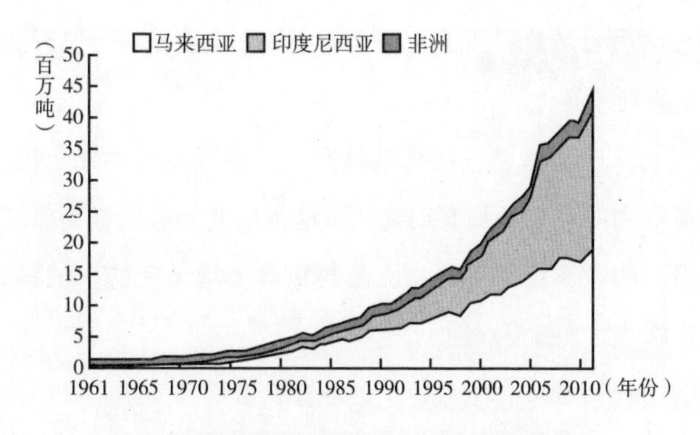

联合国贸易和发展会议测算的棕榈油生产量变化图

未来备感忧虑：“红毛猩猩居住的森林正在逐渐片段化，就像汪洋中的小岛一般。再这样下去，它们可能会在不远的将来灭绝。”

HUTAN 的大本营位于京那巴当岸河下游，这里曾是红毛猩猩重要的栖息地之一。20 世纪 60 年代，约有 4000 只红毛猩猩活跃于此。不过拉克曼的调查显示，2005 年该数量减少到 1100 只，而现在（2017 年）则不足 800 只。

HUTAN 与地方政府和企业家交涉，买下土地，然后在收购的土地上种植树木，致力于建立将各个保护区联系在一起的“绿色回廊”。这个以女性为核心的志愿者团体在荒废的大地上，悉心栽下一株又一株能够长成热带雨林的幼苗。这可以说是相当重的体力劳动，不过却一点一滴、行之有效地使一部分森林获得新生。拉克曼强调了打造“绿色回廊”的重要性：“要杜绝物种灭绝，极为重要的一点便是将分割开的栖息地重新联系上。”

京那巴当岸河流域有着其他地方难以见到的红毛猩猩、长鼻猴和亚洲象等稀有动物，当地也以此为基础推动旅游业发展。游客纷纷入住民宿，品尝极具当地特色的家庭料理。这种旅游方式备受欢迎。

“我们 1994 年刚来时，这里存在着许多问题。比如为开发而砍伐森林、贫困乃至人与人之间的冲突。这些无不威胁着野生动物的生存。”拉克曼说。“渐渐地，政府和企业的理解变得深入，开始兴建野生动物保护区。虽说是莫大的进步，但待办事项依旧多如牛毛。”然而，由于近年来的油棕种植潮，地价随之上升，甚至比城里的还要夸张。地价高、购买困难，亟待解决的问题堆积如山。刚萌芽不久的生态旅游产业与规模庞大的油棕产业之间，差距依然巨大。

2017 年初，斯卡乌村京那巴当岸河旁的位置架起了一座大桥，桥对岸正在建设一条新道路。道路计划通往前方小小的村落，那便不得不通过保护区附近。拉克曼和保护团体的其他成员纷纷表示反对，地方政府却置若罔闻。保护人士对此深感危机：“一旦大桥建起，来来往往的车辆定将迅速激化野生动物与人类的矛盾，大家多年来的苦心很可能付之一炬。”

沦为宠物

红毛猩猩非法交易的情况也十分严重，各地没收非法获取的红毛猩猩幼崽的案例层出不穷。

2005 年 6 月，民间团体国际野生物贸易研究组织（TRAFFIC）[①] 发布的调查结果显示，当地将苏门答腊猩猩作为宠物进行违法交易的现象仍屡见不鲜。对此，国际野生物贸易研究组织警告："捕获和交易红毛猩猩都是违法行为，不过几乎无人检举此类问题。如果情况得不到改善，那红毛猩猩的灭绝风险实在是太高了。"国际野生物贸易研究组织调查了苏门答腊岛上某红毛猩猩保护机构的记录，记录显示 1973 年至 2000 年，该机构收留的红毛猩猩一度达到 226 只，但后来这家机构关闭了，无法再查到准确的记录。不过从另一家机构 2002 年至 2008 年的记录来看，短短几年，收留的红毛猩猩总数就蹿升到 142 只。由此可见，非法饲养红毛猩猩的状况依然未能得到改善。调研表明，机构收容的绝大多数红毛猩猩都是尚未离开母亲庇护的幼崽。幼崽被捕获时，母亲被杀的可能性极大。运输和饲养小猩猩的过程中，也不乏死亡

① 成立于 1976 年，是由世界自然基金会与世界自然保护联盟合作支持成立的野生物贸易研究组织，通过监测全球野生动植物贸易，确保贸易不危及野生动植物的生存。

案例。由此可以推断，机构收容的红毛猩猩背后，潜藏着不计其数的死亡，而这尚不过是冰山一角。2006 年 11 月，印度尼西亚政府发现了正被走私至泰国的 48 只红毛猩猩，将它们送回了故乡加里曼丹岛。

很久以前，就有人指出泰国许多红毛猩猩都是通过走私输入的。2016 年 11 月，国际野生物贸易研究组织整理出了最新的调查结果。从 2013 年 11 月到 2014 年 3 月，调查员实地调查了泰国境内 57 家动物园和游乐园中大型灵长类的饲养情况。他们发现，有 30 家机构饲养了共计 51 只红毛猩猩及 1 只西部大猩猩。野生红毛猩猩的进出口是《华盛顿公约》中明令禁止的，不过只要能证明红毛猩猩是人工繁殖的，便能获得出口许可。然而，根据公约记录可知，1975 年以来，泰国获得正式出口许可的红毛猩猩仅有 5 只，大猩猩的记录则是零。再加上调查中发现的大量长臂猿，可以明确地得出结论，这些类人猿中有很多都是非法捕获后走私到泰国的。

植树的河流之子

与拉克曼形容的一样，珍妮母子觅食的森林宛如油棕之海中的小小孤岛。走出森林，面向河岸，眼前的植被突然被割裂开来。河流附近曾经也是片油棕林，不过违法开发的行

山地大猩猩中的银背猩猩正在进食

成年的雄性银背猩猩

卢旺达的山地大猩猩幼崽

骑在父亲背上的小猩猩

双胞胎大猩猩

带着头盔的小猩猩

坦桑尼亚马哈勒山脉国家公园的黑猩猩幼崽

黑猩猩

黑猩猩

湿地“拜伊”的西部低地大猩猩

面临灭绝风险的非洲象频现此地

刚果共和国的西部低地大猩猩

森林中的黑猩猩

刚果河流域可见美丽的热带雨林风光

面临灭绝风险的金长尾猴

观察金长尾猴的生态旅游游客

一年一度的大猩猩命名盛典。2016 年建造了巨大的大猩猩模型，卡加梅总统也出席了这次庆典

将收成顶在头顶前行的农民。当地的贫困问题依然严峻

农民们耕耘着陡峭斜坡上的农田

丛林肉猎人搬运着在森林中射杀的猴子

每天交易大量丛林肉的市场

野生倭黑猩猩

金沙萨郊外保护机构中的倭黑猩猩

同一家保护机构中，哄着小猩猩的雌性倭黑猩猩，表情十分快乐

保护机构中，坐在工作人员大腿上吃香蕉的倭黑猩猩幼崽。这里如今仍在继续收容倭黑猩猩

居住在贫困的巴里山村中依然精力充沛的孩子们

体型最大的大狐猴，尖锐的鸣叫声是其特征

毛狐猴（Woolly Lemur）

大竹狐猴

黑白领狐猴

獴美狐猴

维氏冕狐猴

环尾狐猴

倭狐猴，世界上最小的灵长类之一

马达加斯加的倭狐猴

婆罗洲猩猩

油棕之海

加里曼丹岛的西部眼镜猴

马来西亚的红毛猩猩幼崽

2014 年，日本东京某宠物店贩卖的懒猴。为防咬人而折断了它的前齿
©LOUISA MUSING / 野生生物保护论研究协会

长鼻猴

豚尾弥猴

白臀叶猴

复归机构中的长臂猿

身轻如燕地穿梭林中
的白掌长臂猿

在笼中等待重返自然
的长臂猿及其幼崽

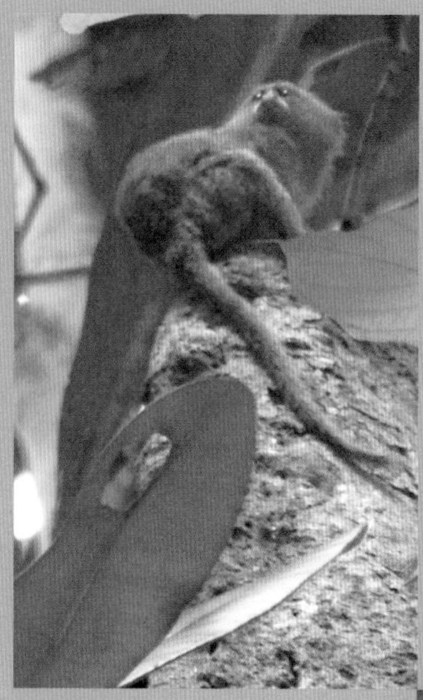

倭　狨

普通狨（Common Marmoset）

金狮面狨

巴西 20 雷亚尔的纸币上印有金狮面狨

松鼠猴

蜘蛛猴

数量极少的绒毛蛛猴

绒毛蛛猴

僧面猴

濒危的亚马孙丛林固有种灵长类赤秃猴

秘鲁的赤秃猴

面部通红的奇特灵长类赤秃猴

脸上写满漠然的赤秃猴菲利克斯

苏里南市场贩卖的松鼠猴

刚果共和国雷菲尼大猩猩孤儿院中，饲养员在为丧母的大猩猩幼崽喂食牛奶

斯卡乌村接待生态旅游游客的民宿

大阪府警察从大阪北田的宠物店前店员家，没收了走私至日本的红毛猩猩

1999 年 6 月，大阪曾根崎署（© 共同通讯社）

美丽森林尚存的京那巴当岸河流域

为败露后，政府命开发商放弃了这片土地。眼下这里尚有零星的油棕存在，但大片已化为草原。顶着炎炎烈日，几名身穿黄色制服的女性在这片草原上干劲十足地工作着。她们都是当地人，受雇于以 HUTAN 为首、致力于建造“绿色回廊”的各组织。人群中，有位身形娇小的女性已近花甲之年，名叫米斯莉哈·欧索普。每个月有 20 天，米斯莉哈都会加入这支队伍。她们不时要挤在简陋的小屋中，自己烧饭，共同生活，日复一日地耐心地植树造林。一切的一切都是为了使曾经的森林复苏。在某些地方，她们身边可能会出现红毛猩猩的身影，不过米斯莉哈表示：“过去，我们几乎不可能在附近看到红毛猩猩或者大象。那时的森林比现在可深邃得多，它们都住在林子里。”

米斯莉哈是居住在京那巴当岸河畔的“河流之子”。他们用木头工具捕猎鱼虾，深入森林采集菌类与水果。河流之子无断水之忧，在这片富饶的土地上安居乐业。“老公走得早，我一个人艰难地把孩子拉扯大了。那时我们还被茂密的森林包围着。但不知何时，我突然发现树木稀疏起来，虾子的数量也少了许多。以前河水明明那么清澈啊。”

大约10年前，HUTAN的海外志愿者来到这座村子植树，他们的一举一动为米斯莉哈打开了新世界的大门。她追忆着过去，有些不好意思地对我们说：“外国人都来这里帮忙了，我们‘河流之子’又有什么理由不去做呢。”2009年，她参与了为期1个月的植树志愿者工作。最终，这项工作成为她毕生的事业。

正在种树的地方是过去堆放被砍伐的木材的地方，如今土地荒芜，杂草丛生。她们的工作从锄草开始，锄完草，再在干净的土地上按一定间隔栽上树苗。最繁重的工作此刻才刚刚开始。若是对刚种上的树苗置之不理，它们很快就会被肆意生长的杂草覆盖，枯萎而死。在不伤及树苗的前提下清理周围的杂草，这需要极为娴熟的技术。

“都这么大岁数了，干这种体力活可会把身体累垮啊。”米斯莉哈的孩子乃至孙辈都极力反对她继续这项工作，不过她的决心坚如磐石：“我说了，要是孙儿们以后在森林里看不见红

炎炎烈日下，正在锄草的米斯莉哈·欧索普

毛猩猩和大象才叫糟呢。再说了，那也没有人会来这儿旅游了呀。”一同工作的同事们纷纷对她表示赞许：“那么瘦弱的身躯，一种起树就停不下来。她总是不由分说地工作、工作、工作。”

其实我 4 年前便曾与米斯莉哈进行过对话。那时她曾说过：“环保团体会向我们发放少量工资，不过这不是钱的问题。2009 年我栽下的树，现在已经长得比我还高啦。这片土地还蕴藏着无穷无尽的潜力。不管拼到多大岁数，我都要让绿色重回这片大地。”4 年后，在烈日照耀的森林中，我有幸再度见到了米斯莉哈辛勤工作的身影。

【专栏】利基天使

全世界最早对红毛猩猩展开正式研究的，是上文多次介绍过的德国灵长类学者贝鲁特·高迪卡斯。高迪卡斯于 1971 年来到加里曼丹岛，投身于研究红毛猩猩的事业中。她与研究大猩猩的戴安·弗西，研究黑猩猩的珍·古道尔一样，在几乎毫无经验可借鉴的情况下来到国家公园，展开了相关调研，并在研究与保护红毛猩猩的事业上取得了突出成果。她不像弗西和古道尔那样广为人知，不过功绩却与两人相当。三人在许多方面都十分相似。她们共同守护着沦为孤儿的类人猿，同样在倾注了大量时间和心血后为野生类人猿所接纳，同样揭示了许多类人猿不为人知的生态之谜。此外，三人均是由知名的人类学家路易斯·利基所挖掘的，在他的支持下跨越重重困难，积极投身于毕生的事业中。这三位女性被称为“利基天使”。高迪卡斯来到常驻地后，惊愕地发现国家公园竟只有个名头，村中位高权重的人，甚至是政府官员都有可能将红毛猩猩当作宠物，违法饲养。年轻的女性突然来到异国的深山老林做科研，这怎么想都危险万分。高迪卡斯曾在著作中写道:“我们要做的事确实艰险异常。不过危险的并非被研究对象类人猿所袭击，那些真正危险的生物，长着人类的脸。”写下这句话时，她脑海中浮现的想必是“天使”中的“长女”、为保护大猩猩而惨遭杀害的戴安·弗西的音容笑貌吧。

第二节 / 被逼入绝境的小型灵长类眼镜猴与懒猴

暗夜将至，我们顺着河流缓缓而下。头顶上，有着长长鸟喙的马来犀鸟鸟群在阵阵鸣叫声中渐行渐远，蛇鹫（Secretarybird）正潜伏在巨树的顶端准备狙击猎物。天色突然暗了下来，滂沱大雨笼罩了我们。我们听到岸上的树叶间传来了沙沙的声响。“是红毛猩猩！”停下小船，透过双筒望远镜张望的导游高声喊道。我们眼前出现了一群体型极大的红毛猩猩，它们有着红褐色的被毛，蹲坐在地上，周身堆满了收集来的树叶，像是藏在其中避雨一般。

当天际彻底被黑夜笼罩时，我们的船终于停在了岸边的码头上。铺满石头的小路虽然有些年月，却依旧干净好走。步行了约 10 分钟，我们在林子里看到了大大小小 5 座建筑物。旁边的空地上建起了距地面 30 米高的观测塔，研究者可以在塔上过夜。这里便是沙巴州野生动物保护局与英国卡迪夫大学（Cardiff University）共同运营的野生生物研究机构吉朗湖研究中心（Danau Girang Field Centre），是研究和保护京那巴当岸河流域灵长类的据点之一。

今天的研究对象是婆罗洲眼镜猴（Bornean Tarsier）和婆罗洲懒猴（Bornean Slow Loris）。两者都是夜行的小型灵长类，世界自然保护联盟认为它们都属于“有灭绝风险”的物种。

大学生凯蒂·海德格手持探测器，率先走在没入茫茫夜色的森林中。我们根据发射器传来的懒猴与眼镜猴的信号提示音，沿着野兽出没的山间小道已奔波了近一个小时。顺着海德格手指示意的方向，我们在眼前的树枝上发现了只小小的眼镜猴。它正瞪着大大的圆眼睛与我们四目相对。

这是一种体长约 10 厘米，体重 100 克上下的小型猴子。它们圆圆的指尖宛如吸盘，能够紧紧抓住细细的树枝。婆罗洲眼镜猴是西部眼镜猴（Western Tarsier）的亚种，也是世界自然保护联盟判定的濒危物种。它们转动着小小的脑袋，缓慢地巡视四周。眼镜猴的头像猫头鹰一样，可以灵活地旋转将近 360 度。

“随我走这边。”海德格催促着，带我们重新回到暗夜里的林中小道上。依靠帽子前照灯微弱的灯光，我们前行了 30 来分钟，终于抵达了森林深处，映入眼帘的是一棵粗壮的大树，树上有一只小东西，它的毛发正随风微微拂动。透过极为微弱的灯光，一瞬间，我看见了它圆圆的眼睛和鼻梁周围纯白的线条。加里曼丹岛遍布菲律宾懒猴（Philippine Slow Loris）这种

手持探测器，在夜晚的森林中奔走追踪灵长类的研究人员

小型灵长类，“懒猴”这个名字源于其缓慢的动作。

研究中心的科研人员达尼卡·史塔克为我们解释：“眼镜猴和懒猴都栖居在森林里。由于森林植被被破坏，它们的数量也随之减少。另外，现今这两种猴子都会被当作宠物捕猎。这种事情屡禁不绝，导致它们灭绝的风险也随之上升。特别是比眼镜猴稍大一些的懒猴，它们的动作相对迟缓，有经验的猎人轻易便能捉住它们。”以这家中心为据点研究长鼻猴的史塔克对眼前的危机备感忧虑：“野生生物的居住环境仍在持续恶化，而长鼻猴的数量这些年来始终在大幅减少。”

慢节奏生活

懒猴和眼镜猴都是小型灵长类，东南亚是它们唯一的栖息地。眼镜猴是世界最小的灵长类之一，仅分布于菲律宾南部到苏拉威西岛、加里曼丹岛和苏门答腊岛这一区域。世界自然保护联盟评估了 10 种眼镜猴，判定其中的 6 种面临灭绝风险。

懒猴身长 30 厘米上下，体重最大也仅有 2 千克。它们的足迹遍布印度、孟加拉国乃至东南亚，分布领域要远超眼镜猴。世界自然保护联盟将懒猴分为 5 种，分别是孟加拉懒猴（Bangladesh Slow Loris）、大懒猴（Sunda Slow Loris）、爪哇懒猴（Javan Slow Loris）、菲律宾懒猴和小懒猴（Pygmy Slow Loris）。经评估，这 5 种全都“面临灭绝风险”。其中，由于栖息地被破坏和偷猎猖獗，仅存于印度尼西亚爪哇岛西部的爪哇懒猴近年来数量骤减，成为“极危”。菲律宾眼镜猴（Philippine Tarsier）和爪哇懒猴同被纳入“世界 25 大濒危物种”。爪哇懒猴所在森林的植被覆盖率，已不足曾经的二成。

懒猴栖息地遭到破坏的问题十分严重。另一个招致懒猴数量骤减的重大原因则是它们常被人类捕获后当成宠物贩卖。它那大大的眼睛、像熊猫毛一样惹人怜爱的绒毛以及慢悠悠的一举一动都极受欢迎。以发达国家人士为主要买家的宠物市场正急速扩大。日本也有女明星将其作为宠物饲养，并在电视节目上介绍。它们在日本的人气始终居高不下。

近年来，懒猴宠物交易发生的频率在降低。2007年，《华盛顿公约》明令禁止所有与之相关的跨国交易，不过偷猎和走私行为仍屡禁不绝。由于个头很小，走私者甚至往往将它们塞进手提行李中带上飞机。日本的相关走私行为也层出不穷。2007年，在《华盛顿公约》生效前不久，成田机场的海关曾截获从曼谷走私来的40只懒猴。那之后懒猴的走私始终未能禁绝。2013年，水户市有走私犯被逮捕，罪名是两年间违法贩卖60只懒猴。

即便如此，时至今日（2017年），日本境内依然在公开贩卖懒猴。"这是《华盛顿公约》生效前就到手的""这是人工繁殖的懒猴"，只要以上述理由为借口，取得政府认可的注册凭证，就能合法销售。许多通过网络贩卖懒猴之人都采用了类似的手法。2016年，我惊讶地在横滨市发现了1只售价高达198万日元的懒猴。店员表示："正好有人打听，不然之前差点就卖掉了。"不久前，懒猴的售价还是几十万日元一只。如今规定越来越严格，懒猴成为稀缺资源，价格也随之升高到令人瞠目结舌的地步。

人气宠物背后的阴霾

懒猴的研究者和环境保护团体严肃批判了日本注册即合法的制度。

研究懒猴的领衔团体是由来自英国牛津布鲁克斯大学（Oxford Brookes University）的知名学者安娜·内卡利斯教授率领的研究小组。他们在灵长类专门期刊上发表论文，论文中的调查结果显示，国际上明令禁止懒猴交易，日本却频频将其作为宠物贩卖。2014年5月至7月，内卡利斯与日本的环保团体携手，调查了日本18名相关从业者和东京2家宠物店的销售情况。两家宠物店在此期间门店共售卖18只懒猴，他们均表示这些懒猴都是在2007年《华盛顿公约》的条款生效前通过合法手段购入的，且均已取得凭证。不过其中有3只明显是不到7岁的年轻懒猴，凭证大概率是伪造的。通过网络贩卖的56只懒猴中，有12只号称是“在公约生效前已取得凭证”，结果通过照片推断其中1只不满7岁。此外还有11只根本没获得过凭证。剩下的33只获得过日本猿猴中心颁布的国内繁殖认证，不过调研小组表示：“动物园繁殖成功的案例都是凤毛麟角，很难相信日本的从业者这么简单就能成功。”对从业者“这是合法获得的懒猴交配所诞下的合法懒猴”的说法，调研小组也表示高度怀疑。

据日本的环保团体野生生物保护论研究协会所述，日本还进口了许多面临极高灭绝风险的爪哇懒猴。仅2014年，一名从业者就销售了5只爪哇懒猴。日本网络上发布的93段关于懒猴的视频中出现了114只懒猴属，其中有7只是爪哇懒猴。此外，还有一些懒猴被饲养在日本的动物园里。爪哇懒猴受到印度尼西亚法律严格的保护，从1973年以后，再也没有任何从印尼将其运往日本的官方记录，也正因如此，上述爪哇懒猴是违法捕获的可能性也大大增加了。

内卡利斯严肃地指出，上传“可爱的懒猴”视频和上电视的名人向观众展示他们当作宠物饲养的懒猴等行为都助长了懒猴的非法交易。网络上懒猴吃饭团的视频固然颇具人气，不过饭团对它们来说根本就不宜食用。握住小旗子的懒猴成功引起了人们的广泛关注和议论，而事实上，这是懒猴陷入惊恐状态时，死死抓住周围棍状物体的本能反应。内卡利斯检查了网上的160段视频，发现人类或在白天拍摄这种夜行生物，或喂食它们野生动物不该食用的饭团等高碳水化合物食物。类似情形的视频中有93条都是日本人拍摄的。对此，内卡利斯批判道：“通过这些影像明显可见，许多人对懒猴的生态一无所知，用错误的方法饲养它们。森林中的懒猴吸食树胶，而人类饲养的懒猴却无法获取类似的食物，这导致很多懒猴陷入了异常肥胖的亚健康状态。”“这些视频很有可能进一步助长非法交易。”内卡利斯担忧道，并表示即便联络了投稿者，也鲜少有人愿意删除他们拍摄的视频。

有毒的灵长类

懒猴作为“世界上唯一有毒的灵长类”而闻名。它们腋下能释放出毒性相当强的分泌物，还会将其涂抹到自己身上。懒猴能够通过锋利的前齿，在咬住敌人的瞬间将毒素注入对方体内。在天敌不胜枚举的森林中，行动如此缓慢的懒猴能生存至今，也许正是因为其体内的毒素使敌人退避三舍。史塔克告诉我们：“若将懒猴与别的猴子一起关进笼子里，其他猴子会望而生畏，坚决不愿靠近。即便将懒猴放出来，它们也会极力避免靠近懒猴停留过的地方。有研究员曾经被懒猴咬到，导致手腕通红，肿胀到了原来的两倍粗。”

正因如此，被当作宠物销售的懒猴常常会被拔去或切断前齿。内卡利斯告诉我们，懒猴靠前齿整理毛发，啃食食物，这是它们在森林中生活不可或缺的身体器官。被拔去前齿的懒猴即便得到救援，也不可能重返森林。内卡利斯表示：“将懒猴作为宠物饲养不仅加速了它们灭绝的进程，对人类也极其危险。懒猴根本不应该成为宠物。”

世界自然保护联盟的灵长类专家小组指出了问题：“爪哇懒猴的数量持续减少，同时其他懒猴的偷猎和非法交易与日俱增。”同时，他们称近期大懒猴也面临相同的困境。记录显示,2013年11月，印度尼西亚查获了300只非法交易的懒猴。

日本有着世界上最大的懒猴市场。此外，诸如眼镜猴、南美洲的柽柳猴和夜猴（Night Monkey）等严令禁止跨国交易的濒危小型灵长类，也在此地以高昂的价格被大量倒卖。其中，甚至有像懒猴这样单价超过百万日元的猴子。许多店铺声称：“我们的懒猴是在本土人工繁殖的。”对此，海外的研究人员纷纷表示强烈怀疑，甚至曾有懒猴专家以戏谑的口吻对我说：“灵长类的繁殖极其困难，连动物园的专家都经常失败。不过看来日本从业者在这方面‘百战不殆’，真是拥有令人称羡的高超技术呀。”

加里曼丹岛的猴子

我跟随着研究员调查了一整天的眼镜猴和懒猴。第二天，我被长臂猿的叫声唤醒，于是匆忙起来一探究竟。转瞬即逝的刹那间，我的眼前出现了一道黑色的身影，以惊人的速度在高高的树梢间穿梭着。虽然自然环境破坏日益加剧，但京那巴当岸河流域仍是许多珍贵野生动物赖以生存的家园。不必说栗红叶猴（Red Leaf Monkey）与日本猕猴的近亲食蟹猕猴（Nicobar Crab--eating Macaque）等灭绝风险很低的灵长类，连红毛猩猩、以大鼻子为典型特征的长鼻猴、猴如其名长着卷曲小尾巴的豚尾猕猴（Southern Pig-tailed Macaque）等许多濒危灵长类也在此地频繁出没。不过，所剩无几的森林难逃被油棕园日渐蚕食的厄运，森林片段化的情况越来越严重。离开河岸，陆地上立刻就见到了肆意蔓延的油棕林。沿着河边小道前行，可见满载油棕果的货车和运输棕榈油的油罐车。来来往往的车辆轰鸣阵阵，在林间交错，附近的工厂上空飘荡着经久不息的白烟。目睹这样的景象，我不禁意识到，这便是将以类人猿为首的众多生物逼迫至灭绝边缘的人类活动的现场吧。

第三节 / 观光潮的背后
叶猴与长臂猿

“快瞧那边的猴群，足足有 17 只呢。”越南河内科学大学的布刚克・坦恩博士遥指前方。森林沐浴在晨曦中，我们向博士指的方向望去，正看见有只猴子在树上坐下来。它脸颊两侧长着雪白的胡子，双颊呈橘色，两只大眼睛炯炯有神，有着灰黑相间的美丽被毛。这极具特色的模样出现在摄像机的取景器中。栖居在越南和老挝的这种灵长类名叫红腿白臀叶猴（Red-shanked Douc Langur）。由于人类破坏森林和狩猎，它们的数量在持续减少，现已濒危。前文提及的赤秃猴和指猴名列“最丑灵长类排行榜”，但能在“世界最美灵长类”评选中独占鳌头的，就只有白臀叶猴了。

在越南中部城市岘港的郊外，从中国南海伸出的山茶半岛（Son Tra Peninsula）上的森林是越南白臀叶猴为数不多的栖息地。坦恩告诉我们：“这片土地长期处于拥有军用雷达的军队管理下，因此得以逃过开发和采伐的魔爪。”

2000 年，这一状况发生了巨大的改变。随着惊人的观光潮，政府解禁了海拔 200 米以下的土地，允许人们在此处修建观光设施。岘港是越南颇负盛名的旅游城市，转瞬间，这片可谓白臀叶猴圣域的土地上，就出现了 20 来家假日酒店，还有 5 家在施工中。山间的建筑工程需要大量劳动力，工人随之蜂拥而至，这直接导致本就异常严重的野生动物偷猎行为愈发猖獗，加之森林破坏同样日益严重，直接威胁到猴子的生存。森林砍伐和丛林肉狩猎威胁着灵长类赖以生存的家园，这确实是全球各地都不得不面对的现况。此时此刻，曾长久在这座半岛上安居乐业的白臀叶猴无处可以藏身。令研究人员震惊的是，在明令禁止开发的森林中，居然架起了 10 公里长的围栏，以白臀叶猴为首的各种动物纷纷被引诱到这种布有陷阱的区域。

2006 年，坦恩创立了“白臀叶猴基金会”。基金会旨在支援发展中国家的民间团体，协助其保护生物的多样性。日本政府和世界银行出资的关键生态系统合作基金（Critical Ecosystem Partnership Fund, CEPF）也加入援助队伍，积极推动制订一系列保护措施。

基金会雇用当地居民为监视员，巡视并守卫森林，拆毁偷猎者布下的陷阱。此外，基金会还致力于救援那些遭到违法捕猎的白臀叶猴，助其重返森林。基金会成员在山茶地区的森林间发现并拆毁了 7000 余个违法布下的陷阱，查抄并救

布刚克·坦恩博士拿起
森林中收缴的套索陷阱

援了 9 只误入陷阱、被非法饲养的白臀叶猴，其中有 5 只现已重返森林。

森林附近的小学和中学都开设了专门课程，教导学生们保护白臀叶猴的重要性，培养他们日后作为生态旅游导游的基本素养。坦恩等人的活动项目和研究范围涉猎甚广，包括了目前尚未查明的白臀叶猴的饮食习性，以及该种群的行为模式。

不过，偷猎问题依然严峻。被誉为“世界上最美丽猴子”的白臀叶猴吸引了无数人的目光，未经许可便擅入森林的游客始终不绝。坦恩和白臀叶猴基金会的成员对许多事都忧心忡忡，甚至担心白臀叶猴若来到酒店附近，过马路时会遭遇交通事故。

逼近亚洲猴子的危机

世界自然保护联盟的灵长类专家小组表示，亚洲灵长类包括亚种在内的种类数在上升，现已达 175 种。小至像马达加斯加的倭狐猴一样体型娇小的眼镜猴，大至大型类人猿红毛猩猩，亚洲大陆的灵长类十分多样，不过其中有 121 种即接近七成灵长类濒危。根据地域来看，危险度仅次于马达加斯加灵长类的便是亚洲的灵长类了。白臀叶猴正是陷入困境的典型。

世界自然保护联盟表示，山茶半岛除红腿白臀叶猴外，还有灰腿白臀叶猴（Grey-shanked Douc Langur）和黑腿白臀叶猴（Black-shanked Douc Langur）。猴如其名，它们腿部的颜色各不相同。

出于同样的原因，3 种白臀叶猴近年来的数量急剧减少，均被归入高度濒危物种。其中，仅存在于越南中部的灰腿白臀叶猴现存数量仅有 550 只至 700 只，十分稀少，被判定为“极危”。

白臀叶猴栖息地附近的假日酒店正在施工

黑腿白臀叶猴分布在越南南部至柬埔寨东北部的森林中。柬埔寨蒙多基里省（Mondulkiri Province）的保护区中活跃着超过 4 万只黑腿白臀叶猴。这一数字看似不少，然而，该地区近年来深受违法砍伐的威胁，森林破坏情况尤为严重，已经直接影响到了当地栖居的白臀叶猴。

诚然，受森林被破坏的恶劣影响，白臀叶猴的数量持续降低，不过最为严重的问题还是当地居民对白臀叶猴的狩猎。狩猎有增无减，不仅是因为白臀叶猴会被当作食材，还因为在一些国家，它们从古至今都被视为稀有的传统药材，价值不菲。尽管狩猎白臀叶猴已被明令禁止，不过将白臀叶猴视作传统药材，于黑市流通并高价倒卖的现象仍层出不穷。越南的一则报道显示，去年夏天，庆和省（Khánh Hòa Province）有三名男子因疑似使用自制枪械杀死了 9 只黑腿白臀叶猴并处理其尸体而被捕。为方便保存尸首，犯罪分子往往将叶猴的腹部剖开，使其自然风干。接下来便是时常听说的故事：成年叶猴被当作肉或传统药材兜售，而年幼的则被活捉，被当作宠物高价售卖。

迫入绝境

正午的日光倾洒在参天大树上，红腿白臀叶猴一如既往地坐在树枝上悠然自得地小憩，慢悠悠地嚼着信手摘下的果子。关键生态系统合作基金的专家表示，红腿白臀叶猴原本活跃在从海岸附近的低地森林到半岛地区海拔最高的高地森林这一广阔的范围内。但由于政府方针的改变，它们被迫停留在海拔较高的区域。此时此刻，白臀叶猴对自己所面临的危机毫不知情，依然惬意地在树上打着盹儿。

半岛的保护区中栖居着至少 170 只红腿白臀叶猴。放眼全球，坦恩等人牵头的保护行动至关重要。不过，这终究只是尝试的开始，前路依然漫长。猴群栖居的森林附近，是大规模正处于兴建中的酒店。已竣工的酒店院落中，原生的树木被砍掉，种上了外来的植物。为保证碧绿成茵，酒店每天都派人向草坪大量洒水。

关键生态系统合作基金的杰克·特鲁多夫在谈起旅游开发可能产生的影响时阐述了他的顾虑："对白臀叶猴来说，海岸附近海拔较低的森林至关重要。不过由于建酒店等原因，越是接近海岸，叶猴栖息地的生态破坏就越严重。"

度假海岛的长臂猿

海岸大道上，豪华的酒店鳞次栉比。我们穿过酒店区，步入绿意盎然的森林。沿着林间坡道前行，少顷，森林深处响起"呜呜—呜嚯—呜噢"的喊声，另一个更为高亢的声音随后开始回应，此起彼伏，穿插交错，不绝于耳。泰国南部的普吉岛作为海滩度假胜地而颇负盛名。岛上的雨林中有一家鲜为人知的机构，致力于保护森林中濒危的长臂猿，并助其重返家园。

这家机构面向普通市民开放，入口处罗列的展示板向造访者悉心介绍了长臂猿的生态与种群数量减少的理由，两侧的笼子里饲养着长臂猿。不过，方才传来的猿猴叫声发自更高远的深山中。再向那边走近些，我们终于看到了数只有着蓬松黑色和褐色毛发，体长约 50 厘米的长臂猿。它们用修长的双臂抓住云梯般的笼网与树枝，在其间自在地飞速穿梭着。这片深山老林中，藏着 3 座这样的笼子，里面可以看到许多长臂猿，耳畔也时常传来它们吵吵闹闹的叫声。长臂猿穿行的速度快到令人目不暇接。它们有的瞪着圆圆的大眼睛警惕地密切注视着人类，待有人靠近，就透过栅栏一把夺去对方的行李，有的则双臂发力试图撼动笼网，恐吓想要接近的人类。

长臂猿现存 18 种，它们的足迹曾遍布整个东南亚，但如今随着森林砍伐和偷猎行为的加剧，长臂猿的数量也随之骤减。泰国共有 3 种长臂猿，其中一种以纯白的手掌为显著特征，名叫白掌长臂猿（White-handed Gibbon）。普吉岛上也生活着长臂猿，不过随着人类的捕猎和旅游业开发导致灵长类栖息地被破坏，普吉岛的野生长臂猿已屈指可数。

1992 年，研究人员开设了“长臂猿回归项目”，旨在“使岛屿森林中的长臂猿回归原本的生态”。该项目保护并人工饲养长臂猿，最终目的是将机构救助和繁殖的长臂猿放回大自然。此外，项目组还开展了一系列相关知识的普及活动。岛屿东部的卡奥普拉·德乌禁猎区便是他们的据点。

项目组的正式员工迪帕拉特·民皮甄告诉我们，如今，泰国共有 5 万到 6 万只野生长臂猿。不过由于它们的栖息地被破坏，捕猎问题加剧，研究人员推算，长臂猿每年约减少 3000 只。因此，研究人员始终担忧该物种或在不远的将来灭绝。

笼子里有一只抱着孩子的白掌长臂猿母亲，正目光如炬地细细端详着来访的人类。它的被毛呈褐色，手足如名字般

放归机构的志愿者告诫“不要把长臂猿当作宠物饲养”

雪白得一尘不染，脸部为黑色，边缘长着白色的毛发。

小长臂猿久久地挂在母亲身上，寸步不离，母子俩一同走向森林。对于这种目光炯炯有神，毛发光亮的长臂猿，偷猎者的主要目的是捕捉能当作宠物交易的幼崽。迪帕拉特告诉我们：“偷猎者捕获幼崽后，大多会杀死母亲。好好观察这里饲育的长臂猿就能明白，它们成年后的腕力是何等强大。特别是发情期，连个性都会变得凶暴，对人类戒心十足。”人类因为觉得可爱就把幼崽捉来，那么发现它们成年后凶暴得无法饲养也只是时间问题，因此被带到这家机构的长臂猿始终不绝。算上餐厅和杂技团等来处，每年被查没并运到此地的长臂猿有10 只之多。

来自美国的珍·巴特勒已作为志愿者在这里工作了3周，主要负责打扫笼子和喂食长臂猿。她告诫道："有人在海滩和餐饮店寻找商机，靠着让游客和长臂猿合影赚钱。其中不乏极为恶劣的投机者利用游客的同情心，怂恿他们'买下长臂猿，将其放归山林'。一旦游客觉得可爱心动，花钱买下，就会继续助长和刺激偷猎长臂猿的行为。万望大家能够理解这一点。"回归项目通过官方主页，呼吁杜绝用长臂猿当模特与之合影的行为，同时在附近学校展开针对性教学。

工作人员日复一日地保护着这里的长臂猿，这导致它们习惯了被人类饲养。在这种情况下，将它们放回森林要经历漫长的努力，并耗费大量的心血。成功放归的案例凤毛麟角。长臂猿成双结对，以家庭为单位行动，它们能否成功重返森林，关键要看能否找到与之契合的另一半。被人类养得太熟的长臂猿即便重返家园，也很有可能再度沦为偷猎者手下的牺牲品，因此饲养工作可谓艰苦卓绝。要在漫长的时光里，一点一滴减少长臂猿与人类的接触，让它们更加适应大自然的生活。此外，在饲养时配种，使其诞下子嗣，也是让长臂猿顺利放归的前提条件。不过途中可能会发生各种事故，例如长臂猿夫妇或幼崽任何一方死亡。实际情况是，一年能组建一个家庭，将其送归森林已属幸事。

小小的类人猿

长臂猿是日本人相对熟悉的灵长类，不过它们并非猴子，而是类人猿，想必知晓这点的人不多吧。长臂猿与合趾猿（Siamang）的同伴如大猩猩、黑猩猩、倭黑猩猩、红毛猩猩等大型类人猿截然不同，属小型类人猿，体重较大的也只有10来千克。它们与猴子的不同点之一是没有尾巴，在分类上与人类更为接近。

长臂猿以东南亚的热带雨林为核心分布，所有亚种的数量都呈减少趋势。世界自然保护联盟将长臂猿分成18个亚种，这18个亚种全都是濒危物种，无一例外。其中，仅栖息于中国海南的海南黑冠长臂猿（Hainan Gibbon）等4种被列为“极危”。长臂猿许多品种都有一个很大的共同特征，就是雄性与雌性的被毛颜色截然不同。海南黑冠长臂猿亦是如此，雄性被毛多呈深褐色，雌性多呈明亮的褐色。1960年前后，海南黑冠长臂猿分布在整座海南岛上，存数约有2000只。不过近年来数量在急剧减少，它们的栖息地仅剩下海南西部小小的自然保护区。森林破坏加剧，被当作传统药材而捕杀的长臂猿也有增无减。1998年的调查显示，成年海南黑冠长臂猿尚余17只；2003年进行的大规模调查则显示其数量仅剩13只。此后，虽然极为有限，但海南黑冠长臂猿的数量确实在缓慢增长着，2017 年的种群数量是 25 只。它们被称为“世界上最濒临灭绝的灵长类”，在所有哺乳类中濒危程度最高。海南黑冠长臂猿、苏门答腊猩猩以及爪哇懒猴均被列入“世界 25 大濒危物种”。

森林中诞生的孩子

翌日，听闻有一个长臂猿家庭即将进入放归山林的最终阶段，我们为一睹其真容，在工作人员的引领下，进入了森林深处，来到最远的笼子前。热带雨林郁郁葱葱，拂晓时方才停下的夜雨，将整条山道淋得湿漉漉的。我们一边拨开眼前的草木一边前行，大约过了 1 个小时，终于接近了鸣叫声的主人。

专门负责这片区域、同时也是兽医的斯威特·帕纳迪向我们介绍着在巨大的笼子中恣意跳跃的长臂猿一家："这是父亲托尼和母亲吉塔，还有它们刚刚 8 个月的宝宝克蕾娅，是个女孩子。它们 3 个月前移居到了此处。"

吉塔小心翼翼地抱起克蕾娅，迟迟不肯从笼子上方降下来。"吉塔在对人类保持警惕，这证明它已经做好了回归自然的准备。"预计几个月后，这个家庭便能重返森林。

不一会儿，笼子上方出现了两只长臂猿。它们伸出长长的手臂，在树林间迅速自在地穿行着。工作人员看到后难掩兴奋地高声道："那是 7 年前我们最早放归森林的乔跟它的女儿！"眼前的事实证明，他们告别已久的长臂猿切实地在大自然中自在地生活着。追踪调查的结果显示，乔和配偶琪普共孕育了 3 只后代，其中 2 只都是它们回归森林后诞下的。斯威特告诉我们："让灵长类重返自然极为困难，不过看到乔，我们知道希望之火尚存。"

我就该项目进行取材是在 2009 年，彼时已有共计 6 个家庭重返森林。不过，其中有些因病或因遭到偷猎而失了音信，现在仍能得知近况的只有 3 个家庭。那以后，有越来越多的长臂猿夫妇重返自然。2016 年，工作人员欣慰地得知，森林再度见证了 3 条新生命的诞生。相比因狩猎和森林破坏而减少的长臂猿，重返大自然并在森林里生存下去的长臂猿可谓九牛一毛。不过斯威特等人满怀信心，绝不放弃希望。

第五章

仅存的圣地

亚马孙

第一节 / 不为人知的猴子　秃猴

随着水上飞机缓缓下降，我们降落在了风平浪静的水面上。飞机在水面滑行了一阵，直至抵达岸边，起落架嵌入红土，才熄灭了引擎。浅粉色的亚马孙河豚（Amazon River Dolphin）靠近我们，随即迅速地游走了，它们小小的红褐色背鳍在水中忽隐忽现。我们从亚马孙河流域的贸易城市伊基托斯出发，已行进了3个多小时。眼前早已不见住家和道路，周围尽是热带雨林种类纷繁的植物。雨林的多样性令人惊异，我着实难以想象绿植竟然能有如此繁多的品种。飞行中从上空偶尔望去，可见到大量绽放着花朵的植物。“再走一会儿，前头有船在等我们，咱们要到营地去。不过那里的帐篷特别简易，先做好心理准备啊。”给我们打预防针的，是接下来6天5夜旅程的领队，英国的灵长类学者马克·鲍勒。我们的目的地，正是本书开篇曾介绍过的秘鲁亚马孙河支流的雅瓦里河畔，那被深邃的热带雨林包围的露营地。

赤秃猴研究人员在森林中搭建的简易帐篷

丑陋的灵长类

我们划着船，抵达了终点。这块场地的大小尚不足 2 个网球场，里面立着 5 个极为简陋的帐篷。鲍勒 2003 年搭起了这些帐篷，帐篷里只有简易的厨房和一张桌子，睡觉就睡在帐篷布上，厕所则是在地上挖了个洞。为了节约燃料，营地几乎不使用发电机，蜡烛和电池式提灯就是帐篷里唯一的光明。这便是鲍勒口中“简易”的含义。

鲍勒和他招入麾下的哥伦比亚及巴西研究者，与原住民员工一起生活于此。他们唯一的目的，便是追寻一种名为赤秃猴的濒危猴子。

刚一抵达帐篷，鲍勒就迈出步伐："猴群就在这附近。"我们的衣衫早已湿透汗水，紧紧贴着身体。脚下一片泥泞，稍不留神，整条小腿便会陷入泥中，动弹不得。"缴械投降就完蛋了，"走在队首的鲍勒笑道，"雨季才刚要开始。咱们现在还能走过去，一旦雨季来临，再想跨越这片土地就只能靠木筏或船只了。"

我们沿着高低起伏的路走了一个半小时以上。突然，高高的树梢上传来了"唧—唧—"的叫声，听起来像是人类在大笑，同时还伴随着哗啦哗啦的树枝晃动声。我定睛一看，眼前有 15 只猴子，它们橘色的长毛在日光的照耀下闪闪发亮。这些猴子大幅摆动着手足，灵巧地在树间跳来跳去，然后停在树枝上啃起了果子。它们跳跃的距离很长，且头部较小，因此跳跃时，脑袋就像红色的毛球在空中飞舞一般。耳畔传来的叫声不仅像人类的笑声，而且还种类多样，极富层次，在林间回荡着。

赤秃猴是一种奇妙的猴子。它们是亚马孙热带雨林的固有种，被毛很长，覆盖了整个身体，头部则非常小。赤秃猴最大的特征是拥有一个通红的骸骨般的面部，这是因为它们的脸上几乎不生毛发，皮下脂肪极少。鲍勒告诉我们："赤秃猴因为这副长相，有时甚至被称为'世界上最丑陋的灵长类'，还常在'世界奇妙动物排行榜'中名列前茅。"那红彤彤的脸蛋从远处望去也清晰可辨。它们坐在树枝上，两腿恣意地晃来晃去，双手灵巧地摘着果子吃。吃饱了，就找根粗些的树枝躺下，打起盹来。心怀信仰的巴西人似乎将赤秃猴视作身披长袍的神父，不过在日本人看来，它们恐怕更像游荡在都市繁华街道的醉汉吧。

狩猎的威胁

亚马孙热带雨林急速增加的森林砍伐和耕地开垦力度导致赤秃猴栖息地受到的破坏加剧，开始片段化。同时，赤秃猴遭到狩猎的现象也愈发增多，世界自然保护联盟将其列为有高灭绝风险的物种。森林深处搭起了帐篷，建起了道路，源源不断入住帐篷的工人为了填饱肚子开始在林中捕猎。杀掉其父母，将小猴子当作宠物卖到海外，这在热带雨林里已司空见惯。《华盛顿公约》明令禁止进出口赤秃猴，然而秘鲁亚马孙河流域却是野生动物非法交易极为猖獗的地带之一。

要深入重重森林绝非易事，因此在这片尚未受到影响的土地上，依然有赤秃猴活跃着。鲍勒等灵长类学者雇了本地居民，将其培训成合格的追踪者，然后共同深入雨林，调查着这种不为人知的赤秃猴的生态。鲍勒一行人从日出忙到日落，在几乎没有正常通行道路的雨林湿地艰难行进，调查赤秃猴的种群数量，记录其饮食习惯乃至一举一动。他们的工作绝对称得上重体力劳动。

树上的相机

赤秃猴生活在树上，不爬上去，人类就很难仔细观察它们。在偌大的森林中追寻赤秃猴的踪迹，随其爬到树上绝非易事。鲍勒将带有感应装置的红外相机架设在雨林中的树枝上，用于拍摄赤秃猴。在热带雨林攀上近 20 米的大树可是风险极高的事。架设相机时安装人员必须爬到树上，所幸取回时只要从地面拽一拽绳子即可。

“这里危险，离远些。”鲍勒一边告诫我，一边拉着绳子，从身边高大的树上将相机“砰”地拽了下来。相机并不多，但上面完整地拍下了赤秃猴的身影。

衣衫被汗水浸湿，浑身沾满泥土的我们回到了帐篷。鲍勒递来从中间劈开的半个塑料瓶：“出汗了就划船到湖中央，舀水来洗一洗。去淋浴还附赠泛舟游乐，这可是种别样的享受。”此地的研究经费十分有限，主要来自美国的动物园等机构，帐篷里的生活清贫而艰辛。食物基本只有河里钓来的鱼和零星的米。瓶装水运不来的时候要从河里打水，但河水十分混浊，需煮沸方可饮用。

“短短一个月之内，10 名员工里就有 3 人因疟疾而倒下，

正从林中树上取回相机的赤秃猴研究者马克·鲍勒

被送往巴西军队的医疗设施接受救治。”对此习以为常的鲍勒平静地告诉我们。

新世界的猴子

南美洲分布着许多灵长类。世界自然保护联盟的灵长类专家小组表示，在新世界猴中，包括亚种在内共有 211 种灵长类。此处虽然没有大猩猩和红毛猩猩等类人猿的身影，却活跃着下文即将介绍的绒毛蛛猴这样的大型灵长类，再加上柽柳猴、狨猴（Marmoset）等小型灵长类，南美洲的生物多样性比起亚洲和马达加斯加岛也毫不逊色。虽然同另两地相比，这里的小型灵长类濒危比例较低，约占 4 成，不过其生存状况依旧相当严峻。伊泽纮生在其大作《新世界猴》中详述了南美洲灵长类的生态。我对许多灵长类进行了取材，在此选取了几种分析，以探讨今后应如何保护这些濒危的灵长类。

秃猴属下有白秃猴（Bald Uacari）和黑面秃猴（Black–headed Uacari）2 个种。黑面秃猴分布在从委内瑞拉南部到亚马孙河流域西北部地带；白秃猴则活跃在秘鲁东部的亚马孙河上游，以及此处和巴西国境间的狭长地带。世界自然保护联盟虽将两者定为濒危三等级中最轻微的“易危”，不过仍然属于濒危物种。世界自然保护联盟将白秃猴划分成 4 个亚种，上文详述的赤秃猴便是其中一种，4 个亚种均属濒危。雄性赤秃猴的体型比雌性更大，最魁梧的身长可达 60 厘米，不过其中也有体重仅 4 千克的矮小猴子。新世界猴大多有着长长的尾巴，赤秃猴则不然，它们的尾巴很短。赤秃猴在树上生活，能自如地在林间穿行，灵活地用双手摘取树上的果子。帐篷周边的森林常年有雨，赤秃猴就生活在这片以“洪溢林”为主的区域，这里经常大范围被水浸没。

赤秃猴的前齿十分锐利，脸庞看似瘦削，下颚却强而有力。它们的栖息地本就广泛一些，还会随其他猴群一起移动。赤秃猴能食用巴西坚果这种其他猴子咬不动的坚硬果实，即便是成熟前的硬果也不在话下。稍后介绍的赤湖果（Moriche Palm）便是其中之一。

赤秃猴群一般有 20 来只，也不乏百猴群这种大家族。它们有可能移动很远的距离，睡觉时会呼喊同伴集合，觅食时多在广阔的森林中以个位数成员组成小组，结伴而行。这也是白天若非闻其高鸣，很难见其真身的原因。猴群由一只雄性领导，但详细的社会结构、移动规则及移动理由等依然不为人知。

赤面之谜

看到赤秃猴的人都难免心生疑惑，那通红的脸究竟是什么原因造成的呢？至今仍无定论，一大原因是目前动物园饲养的赤秃猴数量极少。鲍勒告诉我们，赤秃猴的面部色泽与其健康状态和压力大小息息相关，就像看人的气色能知其是否健康一样。有观点认为赤秃猴面色的变化还是繁殖和交尾是否完成的信号，这也是研究者行将研究的课题之一。当然，为了好好读懂野生赤秃猴，人类也应该坚定不移地守护

秘鲁亚马孙热带雨林中的赤秃猴所剩无几

它们。

虽然详情尚不明确，不过根据鲍勒等人的调查，可以肯定近年来赤秃猴已数量锐减。我采访了原住民，得知赤秃猴本应生活在秘鲁亚马孙河流域更为广阔的范围内。在许多曾有人目击赤秃猴出没的地区，已有 10 年到 20 年见不到它们的踪迹了。周边地区砍伐森林和伐木工狩猎行为的日益增多，亦是该种群数量减少的原因之一。当地人告诉我们，无人捕

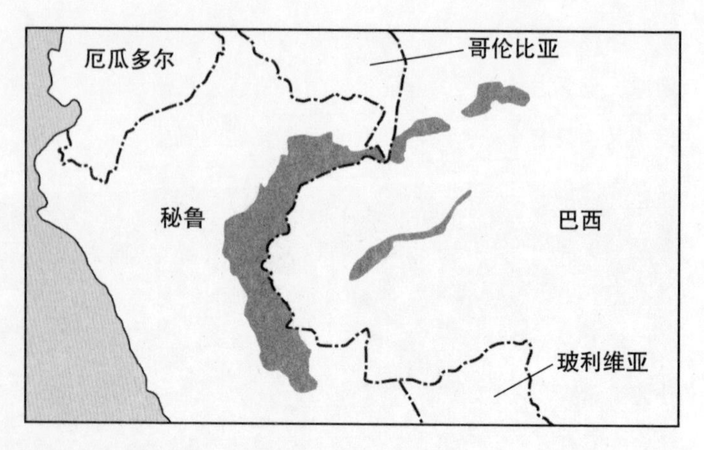

世界自然保护联盟提供的赤秃猴分布图

猎的地方仍有少量赤秃猴尚存，这些群体见人就逃，足以证明周边对赤秃猴的捕猎有多猖獗。

鲍勒指出："猴子比起地上的动物更容易瞄准，因此也更容易被当作捕猎对象。体型相对较大的蛛猴属猴子被捕猎得越来越少，就轮到赤秃猴被杀死得越来越多。在周边森林开始砍伐不久，便有一个约百只成员的大型猴群消失了。赤秃猴是很容易受到栖息地破坏和狩猎影响的物种，因此显而易见，其数量会随着植被逐渐稀疏而减少。"

赤秃猴现存的精确数量尚无定论，迄今为止依然有猴群出没在意想不到的场所。不过根据目前确认的栖息地可推断，该物种现存已不足500只。赤秃猴如此稀有，用心守护营地周边的猴群就更加关键。此地并非保护区，这片森林将作何用途，全凭当地居民的喜好及作为。将赤秃猴栖息地划归为保护区的只有 2 处，而赤秃猴全部栖息地的三分之一都属于相关企业拥有砍伐权的土地。雅瓦里河周边绝大部分土地都是森林砍伐区和原住民拥有使用权的森林，赤秃猴保护区宛如其中的小小孤岛。

鲍勒的论文中展示了一些图片，包括当地居民将赤秃猴当作宠物饲养，将射杀的赤秃猴端上餐桌准备吃掉等场景。这些照片并不古旧，全部都是现在进行时。

伴随着城市人口的不断增加，当地人对口粮的需求也持续上升，有越来越多的渔夫来到河边捕猎巨骨舌鱼（Pirarucu）等淡水鱼。近年来，周边地区砍伐森林和开采石油的力度越来越大，破坏了赤秃猴的栖息地，加之狩猎之风盛行，赤秃猴数量减少也在所难免。

威胁赤秃猴存亡的不仅仅是森林砍伐和狩猎。研究者忧心的，还有一种名为赤湖果的果实。赤湖果提炼出的油脂被誉为“源自亚马孙的天然美容油”，举世瞩目。为获取暴利，商人们争相前来采摘，而这种果实恰恰是赤秃猴主要的食物之一。鲍勒通过调查得知，赤湖果占赤秃猴每年进食量的二成。今后，若人类继续这样大量采集野生的树果，将很有可能给赤秃猴的生息造成恶劣的影响。

当地的努力

这片雨林里的赤秃猴不怎么怕人。带着幼崽的赤秃猴母亲吃完饭就不声不响地睡下了。满面通红、体型硕大的雄性从方才起便横在树上，毫无形象地垂着四肢呼呼大睡。它们是这里唯一的猴类，眼下正尽享这悠然自得、和平安稳的时光。

不过，这片赤秃猴已所剩无几的森林，其主宰者依旧是当地居民。因此很难说他们何时就会开始砍伐。

鲍勒在论文中写道，国家强制要求一部分当地人离开原本的居住地，在那里建设了国家公园。然而，公园内违法狩猎频发。鲍勒称："雅瓦里河流域的大片土地均已划归企业，企业拥有森林的砍伐权。这些土地的面积大大超越了保护区的面积。此外，伐木工的狩猎行为对赤秃猴也是巨大的威胁。"他进一步指出："要防止赤秃猴遭到捕猎，当务之急是呼吁当地人共同参与到保护工程中来。若要使该工程长期健康地发展，就必须要求研究人员和劳动人民齐心协力，维持良好关系，为赤秃猴的保护事业齐肩并进。"鲍勒继续表示："保护事业成功与否的关键，在于能否将守护赤秃猴的信念深深埋入当地人的心中，他们的意志将决定成败。"

鲍勒创设并开展了"赤秃猴项目"，到周围的学校进行科普，向当地居民介绍赤秃猴目前的情况。一方面，他呼吁当地人不要狩猎赤秃猴；另一方面，他积极响应西班牙巴塞罗那自治大学（Autonomous University of Barcelona）研究者提出的方案，努力鼓励和推动原住民发展渔业。

该方案的核心是支持原住民将骨舌鱼（Arowana）和巨骨舌鱼等亚马孙巨大鱼类的鱼苗高额出售给欧美的水族馆，以代替砍伐森林和狩猎的收入，并用这份收入换取口粮。

在研究营地，我们见到了原住民罗宾逊·弗洛伦斯，他最近刚刚加入这项事业。弗洛伦斯告诉我们："我跟父亲一起给木工头工作，不过现在已经没什么好木头了。以前我们也经常捕鱼，如果捕鱼能养家糊口，那做这个也是一样的。"

鲍勒告诉我们，一点不起眼的环境变化，都可能导致赤秃猴群在短时间内消失。类似的情形始终在不断出现。以果子为食的赤秃猴通过摄取果实和植物的种子，可以调节森林中植物的数量。它们的活动范围十分广泛，能将种子散布到各个角落。因此，赤秃猴在热带雨林生态系统中起着举足轻重的作用，而其存在本身，便是森林状态良好的直接证明。

然而，按眼下的情况来看，放眼整个国家，光是设立赤秃猴保护区都难如登天。"留下一片人类尚未染指的纯粹雨林，对原住民自身的生活来说也至关重要。雨林植被日益稀疏，兴许几年后，此处的赤秃猴群也会消失殆尽，形势着实不容乐观。"鲍勒说道，"不过，我们实在不甘愿在对赤秃猴一无所知的情况下，就眼睁睁地看着它们走向毁灭之路。”他站起身来，往自己的水壶中注入些略显混浊的水，为深入雨林做起了准备。

第二节 / 森林中的体操选手　绒毛蛛猴

我们沿着宽度不足 1 米的陡峭林中坡道艰难前行。约莫过了 30 分钟，突然，上方的树枝一阵晃动，发出咔嚓咔嚓的声响，远处传来了犬吠一般的尖锐叫声。抬头望去，眼前出现了一群巨大的褐色生物。它们的被毛毛茸茸的，正一个接一个在林间穿梭。这种生物漆黑的面庞上，不时可见圆圆的眼睛在闪光。

它们将细长的树枝向后弯，利用反作用力荡出去，在空中伸展双臂，不时用长而粗的尾巴卷住树枝，其上肢、下肢及尾巴均呈条状，长度相当，强韧而灵活。大大小小的猴子在森林中飞舞跳跃，宛如集体在森林中进行体操竞技一般，热闹非凡。

两只猴子交缠着，悬挂在树枝上紧紧相拥，甚至难以区分哪只手臂属于哪只猴子。雄性与雌性、两只雌性或两只雄性任意组合相互抱住的画面比比皆是。刚出生不久的幼崽也用细长的手臂紧紧环抱着母亲的胸口。

它们被称作“绒毛蛛猴”，属于卷尾猴科（Cebidae）的绒毛蛛猴属。其中体型较大的可达 80 厘米，尾巴的长度或超过体长。绒毛蛛猴是新大陆最大的灵长类，也是巴西的固有种。它们生活在里约热内卢以北约 500 公里的卡拉廷加市（Caratinga）郊区。从日本乘小型飞机，换乘汽车赶往此处，要花上两天以上的时间。

这片被农田紧紧包围的森林，是“极危”的绒毛蛛猴所剩无几的乐园。

大西洋的森林

绒毛蛛猴栖居的森林被称作大西洋沿岸森林（Atlantic Forest）。过去，巴西大西洋沿岸广阔的范围里森林植被遍布，生活着许多固有种，展现了显著的生物多样性，被誉为世界 35 个生物多样性热点地区之一。砍伐开始前，森林的占地面积约为 130 万平方公里，目前已不足 10 万平方公里，覆盖率低于曾经的 7%。所剩无几的森林还面临着片段化加剧的问题，森林破坏问题比亚马孙热带雨林要严峻许多。经确认，大西洋沿岸森林活跃着 260 种以上的哺乳类动物，其中 72 种只在这里活跃，而绒毛蛛猴正是其中之一。森林破坏和肆意狩猎的加剧，导致曾经遍布大西洋沿岸森林的绒毛蛛猴数量持续锐减。世界自然保护联盟表示，里约热内卢南北分别分布着该物种的两个亚种，两者均已濒危。

森林遭到砍伐，接连变成了咖啡园和牧场。卡拉廷加这片只有 1 平方公里的森林，却由于其所有者费利西亚诺・阿卜杜拉的决定而得以幸存，成为绒毛蛛猴难能可贵的栖息地。费利西亚诺向绒毛蛛猴的研究者开放森林，包括日本在内来自世界各地的学者争相奔赴此地进行生态研究，并开展保护活动。2011 年，费利西亚诺辞世。他的孙子拉米洛・阿卜杜拉牵头，将这片森林变成了“私人保护区”，为方便保护活动的开展，还成立了新的民间团体。

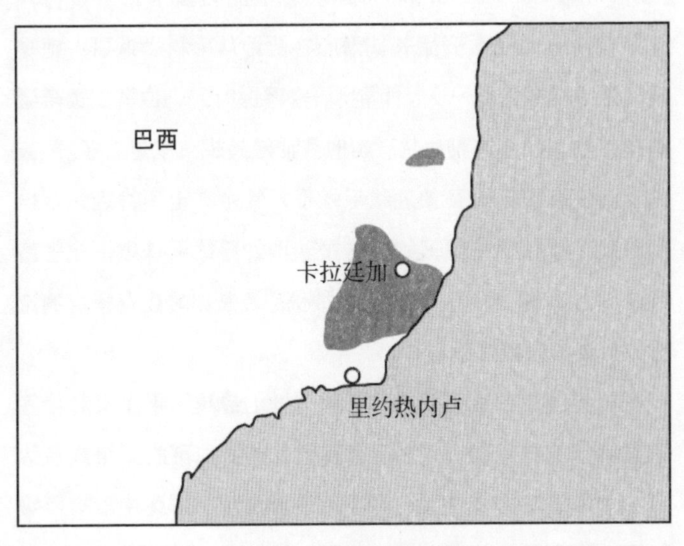

世界自然保护联盟提供的北绒毛蛛猴分布图

“虽说是私人保护区，不过与巴西政府达成共识，签订协议是不可或缺的，我们会定期接受政府的检查。当然，别说是砍伐树木了，林中连一粒种子都不得带出。”拉米洛说。他告诉我们这么做除了免征固定资产税外没有任何收益：“如果连这片森林都沦陷了，那绒毛蛛猴就会彻底灭绝，我们绝不允许事态发展到那一步。”

嬉皮士生活

1982 年起，来自美国威斯康星大学麦迪逊分校（University of Wisconsin–Madison）的教授卡伦·斯特瑞尔（Karen Strier）开始长期潜心在此地从事科学调研。她是研究绒毛蛛猴的第一人。“寻找研究课题时，一位灵长类学者前辈带我认识了这种生物。当时我便暗暗想，就是它了。”彼时，尚没有研究人员关注绒毛蛛猴，其生态也不为人知。自那时起，斯特瑞尔便开始全神贯注地钻研绒毛蛛猴，一坚持就是 30 余年。现今，描述该物种生态及其严峻生存情况的论文，多半出自她之手。

斯特瑞尔将绒毛蛛猴形容为“世上最具和平主义和平等主义精神的灵长类”。视情况而定，该物种可能会组成多达 50 只的群体过群居生活。研究者观察发现，群体中没有等级制度，没有围绕首领宝座产生争执的情形，雄性也不会为了争夺雌性而大打出手。

斯特瑞尔在她的著作中提到了这样一组数据：在对绒毛蛛猴超过 1200 小时的观察中，它们出现暴力行为的次数共计 31 次，其中群体内部的争执仅为 3 次，且转瞬便能平息。

不喜争斗的绒毛蛛猴出现在了世人的视野中，有人开始称它们为“嬉皮猴”。鉴于其“平等主义的和平体操选手”的作风，甚至有人提出选它们为 2016 年里约热内卢残疾人奥林匹克运动会的吉祥物。不过，也正是因为绒毛蛛猴族内一片祥和，成员往往都安稳度日，导致该物种愈发被逼近灭绝的深渊。

濒临灭绝

我此前见到的，是被世界自然保护联盟判定为濒危级别最高的北部亚种。2000 年后，研究者首次对绒毛蛛猴的数量展开调查，调查范围涉及巴西国内的绝大多数栖息地。结果显示，绒毛蛛猴仅剩下 855 只。它们的栖息地片段化严重，被分成 12 片小小的森林，其中还有不少私有土地。有的地方只有 3 只到 7 只绒毛蛛猴，超过 100 只的不过 3 处。人类能如此精确地在广阔的巴西推算出绒毛蛛猴的数量，足以证明它们稀少到了何种地步。北绒毛蛛猴是世界上濒危风险最高的灵长类之一。南部的亚种据推算尚余 1300 只，比北部亚种多一些，但整体数量依旧呈减少趋势，灭绝风险同样很高。

斯特瑞尔与来自巴西圣埃斯皮里图联邦大学（Federal University of Espírito Santo）的学者共同对152只绒毛蛛猴的遗传基因进行了分析，得知其遗传多样性已落入极度危险的境况。斯特瑞尔进一步表示，绒毛蛛猴的多样性在中南美洲灵长类中最为低下，甚至在世界所有濒危灵长类中都属于最低水平。它们的种群数量已非稀少所能形容，栖息地也极为孤立，片段化十分严重，自然会招致这种结果。这样下去，近亲交配会进一步扩大，最终或导致该物种消亡。

绒毛蛛猴减少至此的最大原因，是其栖息地大西洋沿岸森林的急剧缩小。巴西巴拉那联邦大学（Federal University of Paraná）的研究小组基于绒毛蛛猴现存数量和栖息地气象等因素进行了电脑演算，推算该物种过去活跃的地域范围。结果显示，南北两个亚种曾分布在以沿岸森林为中心，向南北延伸近500公里的广阔地域。对比今日的数据，北部亚种的栖息地面积仅剩曾经的7.6%，南部亚种则为12.9%。研究进一步证实，该组数据与大西洋沿岸森林的减少率呈相同趋势。

大西洋沿岸森林遭受了极为严重的破坏，却未能引起国际上应有的重视。斯特瑞尔在她的著作中慨叹："大西洋沿岸森林及生活在其中的绒毛蛛猴，生态在短时间内遭到了何等严重的破坏，已清晰地摆在了人类眼前。可比起面临类似情况的亚马孙雨林，这片土地受到的国际关注实在是太少了。”

绒毛蛛猴减少的另一个原因是人类的捕猎，理由可能是用来果腹，也可能是单纯的狩猎运动。无论它们再怎么敏捷，瞄准这些群居且体型较大的生物也并非难事。巴西的一名研究者向我展示了一张照片，上面是只被充作食物烤得焦

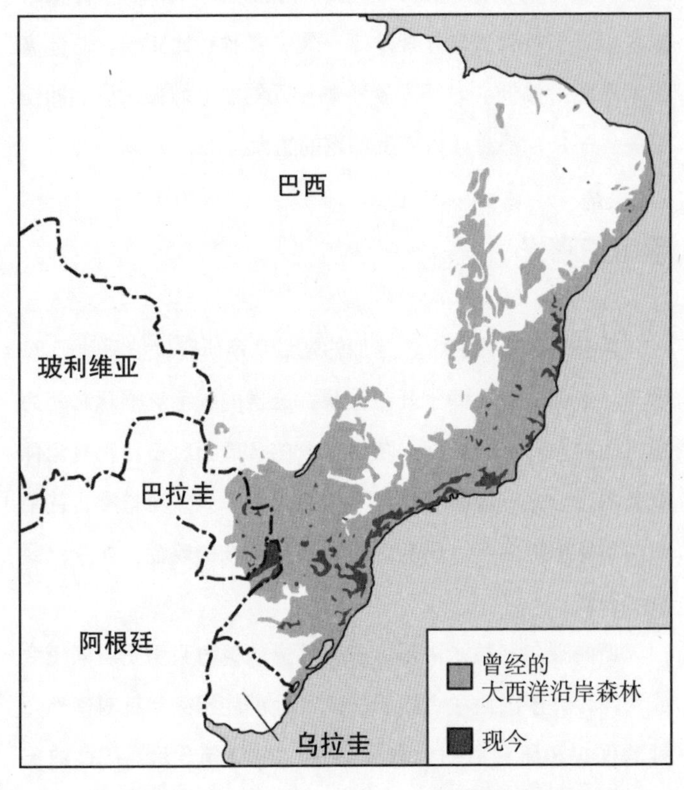

大西洋沿岸森林的过往与今朝

黑的长尾猴。圣埃斯皮里图州在此地的社群从古至今都禁止攻击绒毛蛛猴，这点与卡拉廷加的森林相同，两地目前残存的种群数量也比较相似。由于近期保护力度加大，已鲜少出现绒毛蛛猴因狩猎而死的情况。然而，在一部分私有地内，依旧有人会对其痛下杀手。绒毛蛛猴的寿命在 40 岁以上，是相对长寿的动物，最早的生育年龄是 9 岁到 10 岁，相对较晚。它们每隔 3 年才能产下一崽，产程也比较长，总体来讲繁殖能力偏低。对于本就所剩无几的绒毛蛛猴来说，即便再失去一只，都会成为雪上加霜的重大打击。

希望的曙光

斯特瑞尔等人在卡拉廷加的站点从事研究保护活动已 30 余年。他们的努力终于开花结果，这里的绒毛蛛猴从起初为数不多的 50 只到 60 只，增至如今的 325 只，占该物种全体数量的三分之一。斯特瑞尔可以辨识每一只绒毛蛛猴，甚至能叫出它们的名字。研究开始时还是婴儿的雌性，如今已经有了孙辈。

斯特瑞尔和拉米洛等人长期不懈的努力吸引了志同道合的伙伴，许多巴西学者纷纷加入了他们的行列。针对南部亚种的保护和研究活动也有了眉目。2003 年 5 月，巴西政府正式将绒毛蛛猴的两个亚种定为国家级濒危物种。2010 年，致力于保护和研究活动的人们提出了“绒毛蛛猴保护行动计划”，该计划旨在提高市民及政治家对绒毛蛛猴的保护意识，在其他地域缔造保护区之间的网络，力求在 20 年间让两个亚种的濒危级别下降一级。

群体数量增加后，研究人员观测到，原来只在树上活跃的绒毛蛛猴爬下了树，来到地面捡果子吃，甚至开始食用原来不怎么吃的树叶和树果。斯特瑞尔对此表示:“绒毛蛛猴或许比我们想象得更容易适应环境变化。”研究人员还发现，成年后的雌性可能会冒着风险离开保护区，向外界移动。对于绒毛蛛猴来说，猴群中雌性的离开似乎能保持该物种遗传的多样性。研究者指出，如果离开卡拉廷加、奔赴附近森林的雌性积少成多，绒毛蛛猴便有可能开拓出更为广阔的栖居范围。斯特瑞尔等人计划着寻觅周边能供该物种栖居的新森林，通过“绿色回廊”将其与卡拉廷加森林相连。拯救绒毛蛛猴的希望之火已依稀可见。

荣誉市民

绒毛蛛猴随心所欲地挑选了自己安居的场所，开始进食，大多吃着吃着就不知不觉在树枝上打起盹儿来。有两只猴子交缠在一起，像看什么稀罕物件一般朝我们投来了疑惑的目光。方才的喧闹忽然化作一片寂静。小猴子趴在母亲的背上，

卡拉廷加绒毛蛛猴保护区的入口

绒毛蛛猴栖息的卡拉廷加森林

阖上眼帘，它细细的尾巴与母亲粗大的尾巴缠在一起。

我在卡拉廷加的森林遇到斯特瑞尔是在 2013 年 6 月。她将 30 年的时光贡献给了绒毛蛛猴的保护事业，被卡拉廷加市授予荣誉市民称号。卡拉廷加还为此举行过典礼。该市现以“守护并饲育濒危物种绒毛蛛猴的城镇”而闻名。对此，斯特瑞尔表示：“当地肯接受我这样的外国人，同时有越来越多的人增进了对绒毛蛛猴的了解，这对我来说是无上的喜悦。”近期，她开展了一项活动，让那些向保护活动提供资金援助的人成为绒毛蛛猴的“养父母”。“日本的各位朋友，也请一起来做绒毛蛛猴的养父母吧！”她呼吁。2016 年，斯特瑞尔当选国际灵长类学会会长。

第三节 / 来自灭绝的深渊　柽柳猴[①]

潮湿的空气中，我们耳畔传来了“唧—唧—”的声响，眼前倏地飘过一道金色的身影，用余光判断，似是什么动物。我们大气都不敢出，朝那个方向轻手轻脚地靠了过去。抬起头，我们看到树上有约 20 只猴子，正纷纷恣意地啃着果子。

声音发自金狮面狨，其体长为 20 厘米至 30 厘米，尾巴比身体还要长，是一种仅存在于巴西东海岸森林的小型灵长类。我们见到的是一个有幼崽的大型猴群。金狮面狨自如地在林间穿梭，然后开始进食。这些猴子似乎不很怕人，甚至有些坐在了我们伸手就可触到的树枝上，好奇地向这边张望。猴群里，有的猴子身上有追踪用的小型信号器。

金狮面狨的显著特征之一是它们醒目的长尾巴。同行的一名研究者不小心碰到了某条从树上垂下来的细长尾巴，吓

---

① 柽柳猴属（Tamarin）属于卷尾猴科下的狨亚科（Callitrichinae），下文中与柽柳猴属并列的还有狨属（Marmoset）、狮面狨属（Lion Tamarin）。不能通过名尾的“狨”或“柽柳猴”而简单判定某狨亚科物种属于哪一属。

得那只金狮面狨一把抢过来紧紧抓住，又仿佛碰到了什么脏东西般用手掸了掸，引得周围的人发出阵阵浅笑。

日光透过稀疏的植被恣意倾泻。金狮面狨移动时，美丽的金色毛发在太阳的照耀下格外夺目。比起狮子也毫不逊色的毛发，楚楚动人的举止，让金狮面狨常与亚洲的白臀叶猴和川金丝猴（Golden Snub-nosed Monkey）一道跻身“世界上最美丽猴子”之列。金狮面狨因其外形备受人们喜爱，常被爱好者当作宠物饲养。由于其栖息地被严重破坏，因此数量稀少，分布范围也十分有限。时至今日，想一睹野生金狮面狨可谓难如登天。里约热内卢以东约 100 公里处的波苏达斯安塔斯生物保护区（Poco das Antas Biological Reserve）及其周边，便是这群美丽猴子所剩无几的一方净土。目前，世界自然保护联盟判定它们“濒危”。

受欢迎的宠物

灵长类下的柽柳猴属，其成员均为活跃在中南美洲的小型猴子。同样生活在中南美洲的小型灵长类还有狨（Marmoset）。柽柳猴属有因丰沛的白髭得名的皇柽柳猴（Emperor Tamarin），胸毛发红、唇毛发白的白唇柽柳猴（White-lipped Tamarin），头上有一圈蓬松白色毛发的绒顶柽柳猴（Cotton-top Tamarin）等多个种类，多样性非比寻常。它们因独特的外形在动物园备受喜爱，作为宠物也广受追捧。

柽柳猴属中许多都高度濒危。哥伦比亚的绒顶柽柳猴由于栖息地遭到破坏导致数量减少，已经“极危”；巴西的黑狮面狨（Black-faced Lion Tamarin）由于栖息地被破坏又遭狩猎，导致仅剩下最后400只，被列为“极危”。

黑狮面狨和金狮面狨的栖息地，都位于绒毛蛛猴一节介绍过的巴西大西洋沿岸森林。原本郁郁葱葱的森林已不足曾经的7%，这是将金狮面狨逼入绝境的一大原因。媒体总是争相报道许多灵长类赖以生存的巴西亚马孙热带雨林遭破坏的新闻，而被誉为生物多样性热点地区的大西洋沿岸森林，植被遭破坏的程度其实更为严重，濒危物种也更多。

金狮面狨生活在大西洋沿岸森林海拔300米左右的海边地段，海拔较低，很容易受到人类开发活动的影响。据悉，曾有错误消息显示它们是传染病的媒介，导致其栖息地附近的居民杀死了许多金狮面狨。

最后200只

最早揭示金狮面狨严峻现状的，是1962年至1969年由巴西研究者开展的栖息地调查。调查由如今已过世的被誉为“巴西灵长类学之父”的小科英布拉（Adelmar Faria Coimbra-Filho）领导，他“再发现”了被判定灭绝长达 65 年的金臂狮狨（Black Lion Tamarin）。小科英布拉的调查证实，曾广泛分布在大西洋沿岸森林的金狮面狨已从很多地方销声匿迹，其栖息地也所剩无几。据推算，该物种最少仅剩 200 只，最多也不过 600 只。

若没有这位人物，就无从提起金狮面狨的保护。我无论如何都想见他一面，这一愿望最后在 2012 年的秋天实现了。那时，小科英布拉住在靠近里约热内卢市中心的公寓里。他在接受采访时回顾道：“刚开始调查时，全球的研究者和巴西

被誉为巴西灵长类学之父的小科英布拉

政府的关心程度都相对有限。所幸，后来渐渐有了成果，来自美国等世界各国的友人也开始伸出援手。若非如此，金狮面狨恐怕很久之前就已经灭绝了吧。”

小科英布拉向我们讲述了金狮面狨被逼入绝境的历史。20 世纪 60 年代末，该物种的栖息地以私有地为主，不受政府直接管理。被猎人捕获的金狮面狨大多会输向海外发达国家的宠物交易市场或动物园。

金狮面狨真正引起国际瞩目，是在经小科英布拉呼吁，美国相关保护人士和灵长类学者齐聚一堂，于华盛顿特区由美国国家动物园召开的国际会议上。会议名为“拯救金狮面

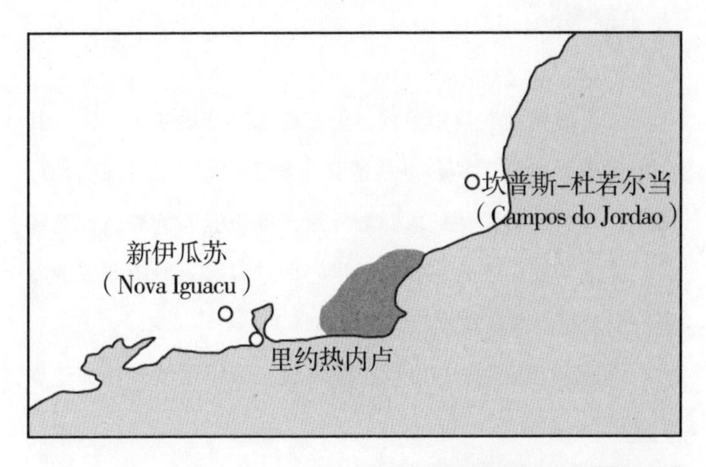

世界自然保护联盟公布的柽柳猴分布图

狨”（Saving the Lion Marmoset[①]），彼时该属的分类尚不明晰，金狮面狨被划到了狨属。会议聚集了来自美国、巴西及欧洲的研究人员。以这场会议为契机，这种美丽的生物和其艰难的处境终于引来了国际关注。基于会议议题，全球各地的学者共同制订了金狮面狨保护计划。巴西方面以小科英布拉为中心，通过人工繁殖增加金狮面狨的种群数量，同时寻找适合它们的栖息地，推动使其重返野生环境的项目前进。欧美的环保团体也展开了宣传，呼吁人们不要将该物种卖给动物园或当作宠物饲养。1975 年，限制濒危野生生物国际贸易的《华盛顿公约》生效，其中便禁止了金狮面狨的国际交易。

人工繁殖

人工繁殖尚在摸索阶段，但已有条不紊地步入正轨。其中相对棘手的环节，是寻找能让金狮面狨长期居住的森林。据悉，有的金狮面狨被放归野外后，很快被人偷去当作宠物了。计划初期，还有许多农民担心保护狨猴可能限制农业发展，反对将金狮面狨放归周围的森林。

排除万难之后，20 世纪 90 年代，保护活动开始加速展

① 狮面狨属与狨属同属狨亚科，根据目前的分类，没有“Lion Marmoset”一说。

现成效。1992 年，在里约热内卢召开的联合国环境与发展大会上，媒体广泛报道了因森林遭破坏导致栖息地受到严重威胁的野生动物，金狮面狨就是其中的典型。这时，该物种才进入了公众视野。1991 年至 1992 年，巴西政府对狨猴展开了详细的生存情况调查，并于 1992 年年终出台了国家级物种保护计划。

然而，首次调查的结果算不上喜人。金狮面狨的栖息地仅剩下 14 处，所有的面积加起来不过区区 100 平方公里，种群数量仅余 272 只。由于其栖息地进一步片段化，许多处栖息地的面积尚不足 2 平方公里。

金狮面狨生活的波苏达斯安塔斯森林

不过，次年传来了一件让研究人员兴奋异常的惊天喜讯。有人在里约热内卢郊外的波苏达斯安塔斯地区发现了一个新的金狮面狨群，数量高达 300 只。它们便是本节开篇介绍过的那个猴群。当时推算的结果是该猴群数量不足 600 只，进一步证明了 20 世纪 60 年代小科英布拉根据调查作出的推算是何其准确。

小科英布拉告诉我们："我们无论如何都要守护波苏达斯安塔斯。1992 年为保护金狮面狨，我们设立了保护协会，建立了专项保护基金。渐渐地，有产权的人开始为确保金狮面狨的栖息地而提供私有土地，相关保护活动都在有条不紊地进行着。"

民间保护区

人工繁殖和重归自然的成果渐渐浮出水面，金狮面狨的数量也悄然增加着。1994 年起，研究人员开启了一项新的工作，将狨猴运往它们从未生活过的森林，试图创造出一片供其栖息的新天地。现在，在波苏达斯安塔斯生物保护区与国家认证保护区的邻接处，设置了 20 来处私人创立的狨猴保护区。周边的农家不会砍伐树木，而是与森林为友，在其间耕耘着种类丰富的农作物。这项尝试被称作"农业林耕种"，在周围得到大力推广。创建"回廊"，重新连接各个片段化保护区的事业也蒸蒸日上。

2000 年的新调查结果显示，金狮面狨的数量增至约 1000 只，有效地抑制了物种数量的减少。它的形象还被巴西政府用在了 20 雷亚尔的纸币上。自小科英布拉凭借一己之力展开生存调查起，已过去了近半个世纪。如今，它们俨然成了展现巴西生物多样性的代表动物之一。

金狮面狨栖息的森林旁，牧场和农场步步紧逼

2003 年，世界自然保护联盟判断金狮面狨的生存情况从根本上得到了改善，将其濒危等级从最高的“极危”下调了一级，成为“濒危”。

因致力于保护黑猩猩而享誉全球的灵长类学者珍·古道尔在其著作中总结过世界各地生物物种保护的成功案例，讲到金狮面狨时，对相关保护事业给出了积极评价：“保护活动成果显著，金狮面狨成为唯一濒危风险下降的物种。”书中还指出，巴西灵长类学者脚踏实地，与森林周边的居民展开了耐心的交流，强调保护该物种和使它们重返自然的重要性，广泛加深了民众对设立保护区的理解。古道尔对此予以高度肯定，并称赞道：“成功的秘诀是每位巴西人民都对保护事业贡献一己之力。”

道阻且长

金狮面狨群长居波苏达斯安塔斯森林。它们时而在林间跳跃，时而进食或休憩。即便偶尔传出几声尖叫，它们也未曾抢夺过彼此的食物。时间静谧地在此地流淌。

拉塞尔·米特迈尔曾深深感慨：“时隔这么久，还能发现这么大规模的猴群，着实令人惊叹。20 年前，在这片森林里走上整整一周都听不到它们的叫声。这次发现绝对称得上是伟大的成功案例。”米特迈尔是环保团体保护国际（Conservation

International）的名誉副会长，熟悉南美和马达加斯加的灵长类，亦是金狮面狨保护活动的核心人物之一。

不过，这并不能表明金狮面狨已逃离灭绝的风险。在植被逐渐稀薄的大西洋沿岸森林中，它们的数量仍仅有千只左右。无论保护区森林属公有还是私有，但凡踏出一步，就进入耕地范围，人类开发的浪潮扑面而来。

古道尔在其著作中写道："保护人士不能放松，所有的保护活动均如是。（金狮面狨）栖息地的破坏仍在继续，所剩无几的森林依旧在加速片段化和孤立化，这对狨猴的生存来说是极大的威胁。"

据悉，最近巴西北部地区其他濒危的狨猴也被投放到了这片森林保护区，与金狮面狨争夺生存空间。一种濒危物种威胁到另一种的生存，这着实讽刺。调查同时指出，狨猴被天敌捕获的案例有增加倾向，保护区内狨猴的数量有可能进一步减少。即便研究人员在努力寻找其他栖息地，但大西洋沿岸森林的种群数量实在太少，且很难出现进一步的大幅增长。

毛发泛着金色光泽的猴子们在林间跳跃着，对逼近自己的灭顶之灾一无所知。确保它们安然存活下去的道路艰辛而漫长。

第四节 / 无家可归的猴子们

从南美洲秘鲁的亚马孙河贸易都市伊基托斯乘车换船约1小时，我们抵达了亚马孙河支流纳奈河（Nanay River）沿岸的小小村落帕得里科查（Padre Cocha）。踏入村中某家野生动物救援中心的瞬间，一只猴子从树上迅雷不及掩耳地跳到我肩头，想抢走相机包。

"别急，假装不在意就好。"运营这家机构的古德兰·斯佩拉如是说。

这只猴子名叫菲利克斯，是一只雄性赤秃猴。前文也曾介绍过，赤秃猴的栖息地只有亚马孙河流域，是一种濒危灵长类。

这家中心收容了许多政府和环保团体转交的猴子。它们主要来自宠物交易市场或用它们来招揽客人的餐厅，多在违法输出的前一刻才被警察截获，菲利克斯便是其中之一。3年半以前，警察从附近的民家没收了被违法饲养的菲利克斯，它来到此地时已是濒死状态，身体虚弱到无法进食。所幸，兽医妙手回春，菲利克斯活了下来，现在正在众人眼前唯我独尊地蹿来蹿去。像菲利克斯一样被运来此地的赤秃猴还有 9 只，该中心是饲养了最多赤秃猴的机构。这也从侧面证实了非法捕猎赤秃猴的恶行仍未消失。

收容动物园

斯佩拉表示，他们也研讨过让康复个体重返自然的可能性。不过这些赤秃猴原来多过着群居生活，很难追溯它们曾生活在何处。此外，这些猴子可能已经携带了野生赤秃猴身

蜘蛛猴

上没有的病原体，再让其重返森林已成奢求。

斯佩拉向我们介绍道："这是蜘蛛猴。那边的小猴子是松鼠猴（Squirrel Monkey），这只是黑帽卷尾猴（Tufted Capuchin）。这个地区的森林中共有13种灵长类，这里有10种。我们每年的收容数有增无减，现在已超过了50只。"

"这边的小猴子是只倭狨（Pygmy Marmoset），在宠物市场上大受追捧，日本应该也有售。这只是警察从附近市场上缴获的。"

狨猴这种小型猴子尚能重返自然，不过中心的绝大部分

抱着受保护的树懒宝宝叙述野生生物非法交易现状的兽医奥朗德·路易斯

猴子，恐怕再难踏入森林故土。

中心不光收容灵长类，亦收容树懒及鹦鹉之类的大型鸟类，甚至还养着一只美洲豹。斯佩拉告诉我们："这只美洲豹一出生就被藏进包里，偷偷带上船，在越境之际被警方查获，送至此地。在兽医的悉心诊疗下，它有惊无险地幸存下来，不过却再也没法重返自然了。"除了这只美洲豹外，机构内还饲育着虎猫（Ocelot）、食蚁兽和诸多昆虫，热闹得宛如动物园一般。

伊基托斯的兽医会定期来到这里，检查猴子们的健康状况。兽医奥朗德·路易斯已经在这里工作了5年，离死亡只有一步之遥的菲利克斯就是他救的。

"菲利克斯被送到这里时脱水症状严重，吃不下饭，瘦骨嶙峋。血液检测没发现有什么问题，不过通过超声波能看出它的内脏里有结石。我把它带回家好生看护，喂它喝了加入溶解结石药物的果汁。3天后，菲利克斯奇迹般地好转了。"路易斯回忆起3年半前的往事，宛如这一切都发生在昨天，"饲养野生动物会伤及环境，还有被咬伤或被传染疾病的风险，对人类有百害而无一利，但很多人不理解这一点。伊基托斯离亚马孙热带雨林很近，附近的野生动物黑市始终未被彻底取缔。黑市上非法交易的不仅仅有猴子，还有各式各样的动物。树懒、美洲豹、昆虫、海豚明码标价，猎人则按需接单。我曾看到过一根很粗的管子，里面塞满了蜂鸟。"对野生动物交易了若指掌的路易斯向我们介绍着现况，“秘鲁的大问题在于，法律执行的力度抵不过官僚的腐败，揭发手段十分有限。犯罪分子通过行贿，轻易便能收买官员，逃脱法律的制裁。发展中国家的水族馆和动物园相关人士也可能大量收购这些生物。最近，有人在网络上举报了一个非法偷猎贩卖野生动物的男人，但他只是交了罚款，并未面临牢狱之灾。”

斯佩拉从德国人手中购入一幢旧宅，开办了这家民间机构。现在这里主要靠游客的门票和捐款运营，一年的费用约为 3 万美元，维持起来绝非易事。每年送至此处的动物也有增无减。

宽敞的笼子中，女性志愿者正在喂食一只罕见的猴子。“笼子里的猴子是僧面猴（Saki Monkey）。因为稀罕，僧面猴在宠物市场备受推崇。成功捕获一只幼崽，要杀掉它的不少父辈。”提起这件事，斯佩拉不禁义愤填膺。

黑市

亚马孙河流域有许多灵长类遭到非法捕捉，作为宠物被运往海外。对于面临灭绝风险的灵长类来说，这是物种能否得到根本保护的重大问题。秘鲁栖息着包括黄尾绒毛猴（Yellow-tailed Woolly Monkey）、安第斯伶猴（Andean Titi

Monkey）和秘鲁夜猴（Peruvian Night Monkey）在内的 50 余种固有种灵长类，以种类丰富而著称。不过，许多研究者指责政府监管不力，导致这里成了灵长类非法交易的重点地带之一。

2012 年，英国研究者发布了一系列数据。研究者从 2007 年 4 月到 2011 年 12 月，跨越漫长的时光，对秘鲁北部的圣马丁大区（Department of San Martín）和亚马孙大区（Department of Amazonas）进行了一次大型调研。调查内容是两大区野生动物市场、地下动物园、餐馆和小摊贩卖的活体野生动物与丛林肉的数量跟种类。同时，他们还对当地居民的狩猎情况进行了详细的询问。确定售出的动物共 2643 只，其中 315 只是世界自然保护联盟明确认定的濒危物种，而《华盛顿公约》中明令禁止进行国际交易的则有 12 种。

以种类划分，涉案数量最多的是鹦鹉，总计 1497 只；次多的便是灵长类，共 279 只，是哺乳类中数量最多的。其中还包括黄尾绒毛猴和安第斯伶猴等被世界自然保护联盟判定为"极危"的濒危物种。灵长类被活捉贩卖的概率是 85%，高于其他动物，大多数情况下是卖给餐厅当宠物，以招揽顾客。在野生黄尾绒毛猴数量锐减的如今，即便是在单纯调查的过程中，调查人员也发现了 23 只是非法交易对象。根据采访居民得到的反馈，涉事人通常的作案手法是杀死幼崽的母亲，活捉幼崽，将其当作宠物卖掉。研究小组指出："对于繁殖周期长，种群数量稀少的黄尾绒毛猴来说，即便被捕获的数量不多，所产生的恶劣影响也极深极大。"同时，调研小组指出了强化监管保护举措的必要性。

小组表示，近年来在秘鲁，被作为宠物或丛林肉非法捕捉后交易的灵长类超过6800只。小组推测："我们揭露的只是冰山一角，被杀死或捕获的灵长类一年就接近20万只。"受牵连最多的是蛛猴属，这与本章第一节鲍勒的描述一致。

此外，在秘鲁及其周边国家，还有大量夜猴属遭猎人捕捉，被分别售往海外，作为宠物或实验动物。据报道，委内瑞拉的固有种、种群数量仅有300只的黑帽卷尾猴也遭到了非法捕猎和售卖，这对物种保护造成了极为恶劣的影响。

走私指南

造访中心的第2天，斯佩拉带我去了伊基托斯的市场。店铺里琳琅满目，售卖着巨骨舌鱼等亚马孙原产的巨大鱼类和其他动物做成的肉干等食物，市场上弥漫着浓郁的腥气。道路错综复杂，宛如迷宫一般。这里的人熙熙攘攘，匆匆走过的行人脚下溅起脏兮兮的泥水。从古至今以交易繁荣闻名的伊基托斯，就这样静静伫立在南美洲秘鲁面对亚马孙河的地方。这里的市场极大，如果没有人为我们领路，很快就会迷失方向。不管去往市场的任何一个角落，那里都被喧嚣所支配。“瞧，在那边。”我朝着斯佩拉手指着的方向看过去，一个男人正站在那里。

他的脚下摆着一排容器，容器里装着 3 只小小的鳄鱼，4 只巨大的淡水龟，5 只绿色的鹦鹉，还有许多其他生物。“这些都是从哪儿弄来的啊？”一听这句话，方才嚷嚷着“想拍照先付钱”的男人突然将容器纷纷藏进摊位底下，然后转过身

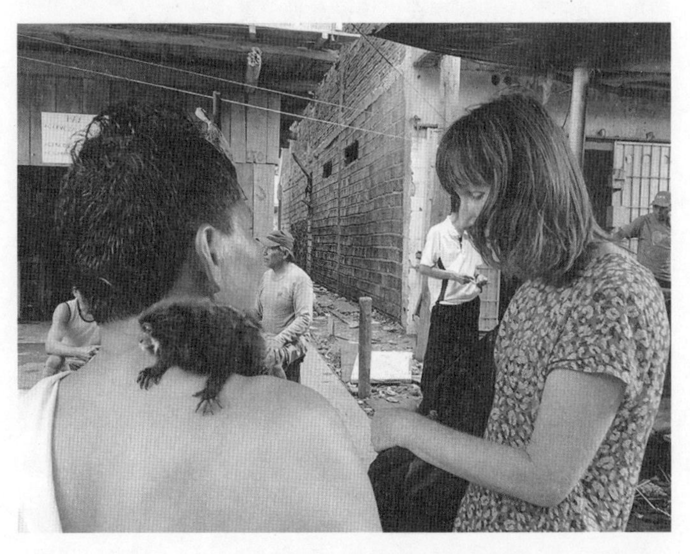

秘鲁伊基托斯的市场里，将狨猴放在肩膀上出售的商人

背对我们，抛来一句“我什么都不晓得”。坐在男人肩头的小型狨猴瞪着小眼睛，疑惑地盯着我们。这种猴子在日本被当作宠物，一只能卖到10万日元以上。“那个男人不久前还卖了许多猴子和树懒。”斯佩拉对我低声道。隔壁的摊子卖的是一种名为枫叶龟（Mata Mata）的淡水龟，在日本的成交价高达2万到3万日元，不过在这儿只卖约1000日元。

我问卖家：“买了能带回日本吗？”女性卖家便悉心传授走私之法：“不能直接带回去。把它装进湿袜子里，用T恤包好，放进随身行李里。能活上一阵，不要紧的。”

斯佩拉告诉我们：“今年，政府的检查严厉了许多，一年前市面上还有各种动物在出售，现在总算少一点了。”

她进而表示：“要弄到一只幼崽，就不得不杀死许多成兽，这会对生态环境造成极为恶劣的影响。还时不时有游客会心血来潮地出手。发达国家的市场一天不消灭，野生动物的非法交易就难以被根除。”

* * *

2017年1月，斯佩拉传来了一个令人悲伤万分的消息。曾那么健康活泼地在空中跳跃、威吓造访者、让人束手无策的赤秃猴菲利克斯离开了人间，死因是在中心内足部受伤，伤口恶化，难以痊愈。我们都知道，菲利克斯此生再也无缘重返它故乡的那片森林，在树梢间恣意穿梭了。

【专栏】发现猴群的最新报告

人类尚未彻底查明，地球的各个角落里究竟还存在着哪些生物。时至今日，某地发现了某新物种的消息仍不绝于耳。如前文所介绍的，尚未被人类发现的倭黑猩猩、黑猩猩、金狮面狨群开始出现在人们的视野中。

2016 年，有人发现了一个新的绒毛蛛猴群，这是巴西濒临灭绝的固有种。巴厘岛也有当地人称目击了新的倭黑猩猩群。对灵长类学者来说，相关的实地探访和调研就成了下一阶段的重要课题。

被发现的是绒毛蛛猴的南部亚种，目击地点是巴西南部的巴拉那州（Paraná）。当地人将新发现的猴子称为“某动物”，因此也有人说该物种不是绒毛蛛猴，真相始终不明。2008 年 6 月至 7 月，来自巴拉那联邦大学等机构的研究者对多次目击该“动物”的当地人进行采访调研，当地人的证词显示，最早的目击案例发生在 20 多年前，后来植被破坏导致森林片段化，在所剩无几的森林中，至今也时常有“某动物”的身影闪现。调查小组奔赴现场，确认了 3 只“某动物”的行迹，并成功用摄像机将它们在树梢间穿梭的身影拍摄了下来。分析结果表明，这种生物正是绒毛蛛猴。不过，这片森林属于私产，且占地面积只有 7 平方公里，是片非常狭小的土地。这个猴群的种群数量也极少。调研小组警告：“谋求相关的保护政策已迫在眉睫，否则此地的绒毛蛛猴定将灭绝。”

终　章

一脉相连的世界

第一节 / 今后的威胁　新的忧虑

如第五章第四节所介绍的，非法活体交易对灵长类来说是巨大的威胁，同样的问题在亚洲和非洲也十分严峻。沦为牺牲品的不仅有柽柳猴、狨猴和懒猴这种小型灵长类，连大猩猩和红毛猩猩等大型类人猿也难以幸免。

红毛猩猩是被明令禁止国际交易的物种。1999 年，日本大阪一家宠物店非法贩卖 4 只红毛猩猩的事败露，猩猩们被警方收缴，日本媒体争相报道该事件。走私犯原本运输了 5 只红毛猩猩，但其中 1 只死在了运往日本的途中。犯人受到了惩处，不过该事件又引发了另一个大问题，那便是如何处理这些无家可归的红毛猩猩。几经周折，它们终于在 2000 年被送回了加里曼丹岛上马来西亚的保护机构。此案后，日本未再出现类似的走私大型类人猿的明文报道。然而不夸张地说，此类事件在世界各地仍层出不穷，暗潮汹涌，从未停息。

大胆的手段

“2000 年的某天，卡塔尔多哈国际机场的工作人员发现一个瓦楞纸箱里有东西在动，调查后，从中查获了两只黑猩猩幼崽。他们赶紧将幼崽一路护送到赞比亚的保护机构。”“2005 年 12 月，在刚果民主共和国飞往俄罗斯的航班上，官方人员从一名俄罗斯人的手提行李中发现了两只倭黑猩猩幼崽。倭黑猩猩虽当场被收缴，但涉事夫妇却未被问责，甚至按原计划顺利抵达了俄罗斯。这对夫妇频繁往来于莫斯科和金沙萨之间。经事后查证，他们通过这种方法走私了不少生物。”2013 年，联合国类人猿生存合作组织的研究小组在一份关于大型类人猿非法交易的调查报告中提及了上述事件。像这样匪夷所思的案例比比皆是。

根据此类公开案例的追踪调查和聆讯调查结果，研究人员归纳总结了一份报告。报告指出，活体类人猿的买家有类人猿所在国家的个人，有试图借之招揽客户的餐厅和特产店，也不乏来自海外的买家，包括宠物收藏者、动物园和马戏团，甚至有一些地下宠物繁殖场。其中既有个人犯罪，也有外交人员对行李睁一只眼闭一只眼协同作案，当然，也少不了大规模、有组织的偷猎及走私。2004 年，有关人员在泰国曼谷的游乐场缴获了 115 只红毛猩猩。经调查，这些红毛猩猩是直接从加里曼丹岛和苏门答腊岛走私来的。2006 年，有荷兰人因走私 40 只红毛猩猩而被捕。多年以来，走私团伙有组织地将大猩猩和黑猩猩的幼崽运往海外。根据截获的数据推算，2005 年一年，从加里曼丹岛走私出境的红毛猩猩就有 200 只到 500 只。

约翰内斯堡和开罗均为重要的中转站，通向欧洲与中东，两地倒卖事件频发。最大的“消费地”是亚洲诸国。在大型类人猿数量不断减少的背景下，海外交易的规模之大，俨然已成为防止物种灭绝的极大阻碍。为我们讲述这些走私现状的，正是第三章介绍过的几内亚野生生物保护工作的负责人。

上述案件不过是冰山一角，为捕获一只类人猿幼崽，视情况就要杀死它们的父母，甚至整个群体。实际上非法交易的活体类人猿数量背后的死亡数字，要比表面上呈现的多上许多。

报告显示，2005 年至 2011 年收缴的大型类人猿中，有黑猩猩 643 只，倭黑猩猩 48 只，大猩猩 98 只，红毛猩猩涉案数量最多，为 1019 只。报告的结论是，计算上捕获时杀死的数量，推测约有 1.4 万只黑猩猩，1000 只倭黑猩猩，3000 只大猩猩，4000 只红毛猩猩，共计约 2.2 万只大型灵长类遭到杀害。知法犯法、重金购买这些类人猿的大有人在，甚至有人以 40 万美元的天价去买一只大猩猩的幼崽。

禁止交易

与日本猕猴一样为猕猴属的猴子们广泛分布在从亚洲到非洲的范围内。食蟹猕猴和普通猕猴广为人知，不过该属中面临灭绝的也不在少数。在世界自然保护联盟评价的 22 种猕猴中，有 15 种濒危物种，其中还有像苏拉威西岛的黑冠猕猴（Crested Black Macaque）这样的“极危”物种。非洲唯一的猕猴属是巴巴利猕猴（Barbary Macaque），它们在阿尔及利亚和摩洛哥等非洲北部的栖息地正逐渐片段化，导致种群数量急速减少。活跃在北非的灵长类就只有这一种。种群数量曾达 2.3 万只的巴巴利猕猴，如今仅剩下 6500 只到 9100 只。木材和木炭生产导致猕猴的栖息地范围逐渐缩小，不过近年来更为严峻的问题是，以欧洲为主的宠物店和娱乐设施会购买非法捕获的巴巴利猕猴作为动物模特。沦为牺牲品的往往是一些小猕猴。只要持有输出国许可证，就能随心所欲地向海外输出。摩洛哥等国的巴巴利猕猴幼崽会明码标价，以每只 100 欧元至 200 欧元的单价销往海外。现在，欧洲饲养了多达 3000 只巴巴利猕猴。2016 年，《华盛顿公约》加盟国在共同会议上，针对濒危野生动物的国际交易制定了规则，基于摩洛哥和欧盟的提议，明令禁止了巴巴利猕猴的国际交易。保护人士对此十分支持，表示该举措是对巴巴利猕猴偷猎和走私的有力一击。

有关人士指出，《华盛顿公约》对以灵长类为首要对象的非法交易提出了相应对策，是重要的国际法令，其执行需要世界各国联合起来才有可能实现。此外，发达国家协助发展中国家提高相关应对能力的举措也意义非凡。要彻底消灭能产生巨大利益的野生动物非法交易难如登天，但这对于守护灵长类的未来至关重要。更为重要的，是我们这样的消费者不要轻易对这些“商品”出手。

非洲的油棕

森林采伐、火耕造成的栖息地破坏和为获取丛林肉、捕获宠物而进行的狩猎，一直是将灵长类逼近灭绝的深渊的主要问题。不过，进一步威胁到灵长类的新问题最近正浮出水面。其中之一是曾于上文提及，在世界范围内急速扩大的油棕园问题。油棕已成为马来西亚和印度尼西亚森林破坏的重大原因之一，如今又肆意在非洲和南美洲扩张。意料之中的是，由于棕榈油需求量加大，许多企业开始将目光投向非洲，意欲扩大当地的油棕林，理由之一是东南亚已经没有了开发余地。联合国类人猿生存合作组织在 2016 年进行了一项调研，结果显示，2014 年在非洲撒哈拉沙漠以南的地区，油棕开发用地及取得开发许可的土地面积已高达 4.2 万平方公里。当今主要油棕生产国是尼日利亚、加纳、科特迪瓦、喀麦隆和刚果民主共和国。这些国家自身虽然也进行小规模种植，不过大多是由马来西亚与亚洲的大资本运作的。

联合国类人猿生存合作组织的数据显示，非洲盛产棕榈油的国家全都属于高度濒危灵长类的栖息地。适宜种植油棕的土地，与倭黑猩猩的栖息地重合率高达 100%，与东部低地大猩猩栖息地的重合率则达 70%。对此，联合国类人猿生存合作组织发出警示："从类人猿栖息地保护和生态保护的角度分析，若非洲油棕的开发全然不顾珍贵的森林，那么当地人必将重蹈东南亚的覆辙——森林被破坏并对红毛猩猩等稀有生物的生息产生极为恶劣的影响。"针对非洲油棕种植扩大的征兆，世界自然保护联盟的灵长类专家小组阐述了他们的忧虑，并规劝各国政府，切勿将至关重要的森林变为油棕林。小组同时提倡企业在开发时多关注环境保护，贯彻相关精神。

全球变暖的威胁

另一个威胁，是全球变暖造成的生态系统异变对灵长类的影响。前文介绍过的来自加拿大麦吉尔大学的柯林·查普曼表示，如果全球变暖照目前的速度发展下去，那么根据预测，非洲 5200 种植物中将有 81% 至 97% 的分布范围出现大规模变动，其中 25% 至 41% 的植物将会在 2085 年彻底消亡。

他指出，深深依赖植物及其种子的非洲灵长类的生存也会受到严重威胁。许多研究者表示，卢旺达等地的山地大猩猩依赖高山区域有限的森林生存，很难迁移到其他森林，因此更容易受到全球变暖的影响。

东南亚的红毛猩猩也是灵长类中易受全球变暖影响的物种。据预测，若全球变暖在其栖息地加里曼丹岛和苏门答腊岛继续发展下去，一方面会导致降水量增加，另一方面会导致干旱同样进一步加剧，使整个生态系统产生很大变化，森林火灾也会更为频繁。

2016 年 8 月，加拿大康考迪亚大学（Concordia University）的研究人员发表了一项研究结果。研究获取了全球变暖导致气温上升与降水量变化的数据，并将这组数据与 419 种灵长类的栖息地进行详细对比，预测全球变暖将对灵长类的未来产生怎样的影响。预测结果显示，世界上的大多数灵长类将生活在气温攀升剧烈的地域，范围包括从高于世界平均温度 10% 的地区一直到 50% 的地区，而这些地区降水量的变化幅度也会高于世界平均水准。受影响最大的是非洲中部、南美洲亚马孙以及巴西东南部的栖息地。受到最大影响的灵长类，则是非洲的巴巴利猕猴和一部分南美洲的吼猴。

研究小组指出："森林破坏、狩猎和宠物交易已经严重威胁着灵长类的生存。今后，气候变化或许会成为另一大威胁。"

第二节 / 守护灵长类

在无边无际的热带雨林中，乘车沿着人工修建的伐木大道前进，我们眼前突然出现了一只巨大的大猩猩。它缓缓地过了马路，渐渐消失在森林深处。沿途可见非洲象新留下的足迹及连续的一串排泄物，这让人真切地感受到，这片森林里住着诸多野生动物。这里是刚果共和国北部的赤道附近。这片广袤森林的采伐权属于非洲最大的木材公司 CIB，该公司已在部分森林开始砍伐，并于 2006 年至 2011 年间，取得了全部 4 个采伐区，合计 1.5 万平方公里范围的森林管理委员会（Forest Stewardship Council，FSC）国际认证。

1993 年，针对违法砍伐和森林破坏问题日益严峻的现状，环保团体和业界相关人士齐聚一堂，共同建立了名为森林管理委员会的独立机构，旨在缔造值得信赖的森林认证制度。认证标准涉及几方面，包括森林环境保护情况，是否以可持续发展的方式经营森林、是否侵害了伐木工和当地居民的人权等。机构将派遣专门的审查专员实地考察，确定该企业是否满足相应要求。如通过考核标准，企业会得到机构颁发的“FSC 认证森林”这一权威认证标志，从该森林产出的商品均会贴上 FSC 的标签贩卖。消费者通过购买带有 FSC 标签的制品，便能将市场上流通的违法砍伐产物铲除殆尽。

“这片绵延不绝的热带雨林是世界上最大的 FSC 认证森林，它基于严密的管理计划合理地安排着采伐进程。取得 FSC 认证，对于向欧洲市场输出商品大有裨益。”CIB 环境管理负责人修·艾卡尼表示：“我们不会触及国家公园和边界附近，以及对动物至关重要的河川、湿地等位置 50 米至 100 米范围内的植被。采伐也只会针对重要的木材，且不会采取皆伐。”他断言：“这里绝不可能发生违法砍伐事件。”同行的导游也告诉我们：“在其他公司的森林中，你不可能看到大象的排泄物。在 FSC 的森林中，经常能目击各种各样的大型动物。”很多伐木工居住在附近的城镇波可拉，CIB 为了回馈社会，在镇上兴建了住宅和医院。CIB 相关人士自豪地表示：“医院配备了最新的医疗器械，比首都布拉柴维尔的还要先进。”

守卫森林

大量有着高灭绝风险的灵长类面临着油棕林扩张和全球变暖的威胁，处境堪忧。所幸，除了坏消息外也有捷报。通

印有 FSC 标志的木制商品与木材

过研究人员等多方面人士的不懈努力，巴西的金狮面狨、狨猴以及卢旺达的山地大猩猩等灵长类终于走出了最为险恶的绝境。政局的混乱告一段落后，复苏中的马达加斯加政府也计划建立现今 3 倍面积的森林保护区。世界各国的国家公园和自然保护区的面积也在逐年增加。

2001 年，相关国家为研讨可持续开发，在约翰内斯堡召开了联合国环境与发展大会。长期受资金不足困扰的联合国类人猿生存合作组织迎来了创立 15 周年的纪念日。以世界自然保护联盟灵长类专家小组为中心的各国研究者齐聚一堂，共同拟定灵长类保护计划，同时研讨其他可能的对策。

如上文介绍过的一样，虽然规模通常不大，但许多当地人开始一点一滴地发展保护灵长类与地域经济进步并重的生态旅游。日本研究者也支援着前文提及的刚果民主共和国卡胡兹的当地人，致力于推动一系列大猩猩保护活动。坦桑尼亚马哈勒山脉国家公园于 1994 年设立了“马哈勒野生动物保护协会”。协会旨在保护自然环境及黑猩猩等野生动物，当地的自然保护活动同样在有条不紊地推进着。一些非政府组织和马来西亚当地企业，则支援着京那巴当岸河周边的红毛猩猩保护活动。

灵长类专家小组组长米特迈尔呼吁：“我们坚决不能坐视灵长类走向灭绝。人类还有那么多要向大自然学习的东西，岂能就此轻言放弃。守护好灵长类，便是丰富的生态系统得到保护的证明，这样人类自身也能享受大自然的莫大恩惠。我们必须要守护灵长类，维护物种存续是人类义不容辞的责任。”

米特迈尔指出：“当务之急，是在人类活动会对野生动物产生影响的区域设立自然保护区，通过植树造林等方式，将保护区与保护区之间联系起来，形成保护网。在发展中国家的社区中，在不对自然造成破坏的前提下谋求经济发展也至关重要。为此，进一步推动环保生态旅游可以说是必经之路。”

如今，每一秒世界上都有某片野生动物栖居的森林遭受破坏，灵长类因狩猎而纷纷殒命。想将它们从灭绝的危机中拯救出来，无异于与时间赛跑。对此，重中之重是要让国际社会、各国政府、各大企业、环保团体以及普通市民携手努力，尽可能加快拯救它们的步伐。

来自美国南加利福尼亚大学的学者克雷格·斯坦福（Graig Stanford）指出："守护类人猿，靠的不仅仅是欧洲生物保护学者的能力和资金。保护红毛猩猩，就势必要求印度尼西亚政府出台相关政策，尽快阻止当地的森林被破坏。如果不能保证类人猿居住的国家政治安定，居民的生活状况有所改善，那保护类人猿无异于天方夜谭。"他同时也是珍·古道尔研究所的成员，著有《没有类人猿的世界》（*Planet Without Apes*）一书。发达国家为发展中国家提供有效的国际援助，尽快消除贫困，也是保护灵长类的重要对策之一。他在著作中写道："今后的数十年将决定类人猿未来的命运。如果世界被贫困、政府疏漏或政局混乱所笼罩，那又何谈类人猿的未来呢。它们的将来与人类的将来息息相关。"

认证制度

减少会破坏环境的人类活动，实现企业的可持续开发及消费非常重要。除本节开始曾介绍过的 FSC 等国际认证制度外，还有各种各样的国际认证，如"可持续棕榈油

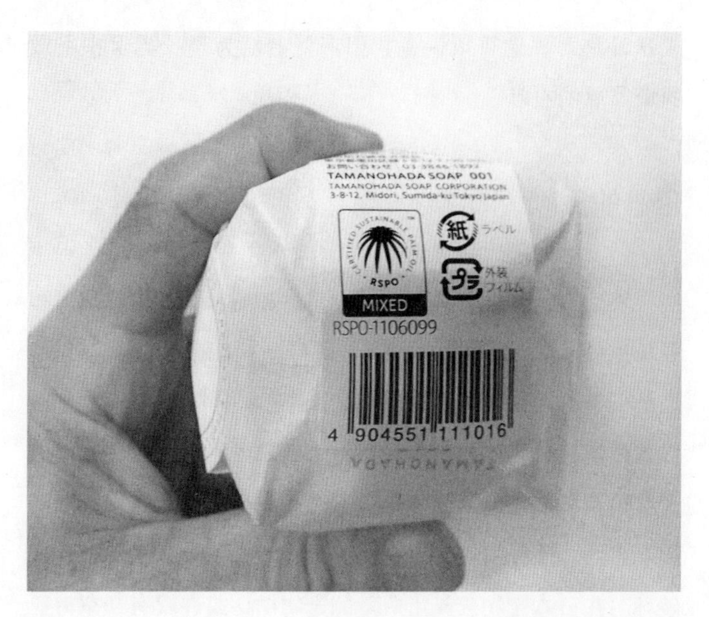

附有 RSPO 标志的香皂

圆桌倡议组织”（Roundtable on Sustainable Palm Oil, RSPO），用于认证那些产油手法对环境影响较小的棕榈油；又如“雨林联盟”（Rainforest Alliance），认证那些在保护热带雨林原则下生产出来的商品；也有为不会成为武装势力资金源的钻石和矿物提供的专门认证。逐渐推广这些值得信赖的第三方国际机构认证，对于保护灵长类和众多物种来说都意义非凡。对于消费者来说，通过识别标签，仅选用那些通过认证的商品，也会鼓励更多企业主动去寻求认证许可。这可以说是我们消费者能为灵长类保护所做的最简单的贡献了。

日本的贡献

在遥远的非洲刚果河流域、马达加斯加、加里曼丹岛和亚马孙热带雨林所发生的一切，都与日本人的生活息息相关，这是不容动摇的事实，亦是我期望通过本书表达的内容之一。日本依然是热带木材进口大国，也毫无顾忌地整日在东南亚大量消费棕榈油。我们使用的手机和电脑，都装有用钽制造的电容器，而开采钽资源会对大猩猩和黑猩猩的栖息地造成破坏。在日本宠物店高价贩卖的宠物中，或许就有从东南亚和亚马孙走私来的猴子。

日本是天然资源的消费大国，对全世界灵长类的将来有着重要影响。遗憾的是，很难说日本在这方面的贡献与其他发达国家相同。

相较美国和欧洲，在建立相应法律制度、向有关企业提出要求、禁止非法砍伐制品输入国内这几点上，日本极为滞后。取得 RSPO 认证的企业寥寥可数。在欧洲，不必说商场的家具，就是便携纸巾、纸质书乃至一本小小的手册都印有 FSC 认证制品的字样，而日本市场上却鲜少出现认证过的商品。

欧美的动物园为推进灵长类保护事业，助力环境保护教育，向从事热带雨林灵长类保护与研究的有关人员提供了不菲的援助资金。欧美的研究机构与环保团体本身也不在少数。日本的动物园基本没有类似的举措。放眼日本的网络和媒体，随处可见“可爱的宠物懒猴”“黑猩猩和大象才艺展示”等话题，但关于丛林肉狩猎、宠物交易以及灵长类赖以生存的家园中究竟发生着怎样的悲剧则仅有寥寥数语。对于深陷濒危绝境的灵长类，我等日本人有必要进一步加深对它们的了解。

在灵长类研究领域，日本作出了重要贡献。在我取材的过程中，有位巴西灵长类学者说过这样忠言逆耳的话：“日本在灵长类研究方面堪称世界领先，但要论对灵长类保护作出的贡献，恐怕尚有不足。”西田利真牵头发起的“联合国类人猿生存合作组织日本委员会”（GRASP·JAPAN）在他于2011年6月与世长辞后，也基本停止了活动。第五章开始曾介绍过秃猴研究者鲍勒的工作。他在热带雨林中追踪灵长类，研究其生态，思索相应的保护措施，还要兼顾与当地人携手，将一切都付诸实践，从事的着实是份艰苦卓绝的工作。日本历史悠久的灵长类研究今后将如何继续，就要看年轻一辈研究人员的贡献了。

至关重要的是，我们必须加大对必要人群的国际援助力度，提高发展中国家贫困人口的生活质量，让他们能好好生活下去。

灵长类是与我们共同生活在地球上的亲族。要确保它们的未来，日本人要做、能做的事不胜枚举。

人类的才智

2017年1月，本书的写作迎来了终章。彼时，中国广州中山大学与伦敦动物学会（The Zoological Society of London，ZSL）的研究小组在美国灵长类学专门期刊上联袂发表了一篇文章。文章公布了灵长类的新品种，它们名为白眉长臂猿（Hoolock Gibbon），栖居在中国和缅甸。

研究小组表示，生活在缅甸东部到中国西南部范围内的白眉长臂猿分为两类。以缅甸钦敦江（Chindwin River）为界，以西的称作西部白眉长臂猿，以东的则名为东部白眉长臂猿。不过，科研人员研究了野生和人工饲养的白眉长臂猿的牙齿和体毛等特征，详细检测了其遗传基因，查明除了东西两亚种外，还存在着第三亚种。该亚种的白眉长臂猿眼睛上方和下颚部分的毛发与前两者略有区别。研究人员提议，根据经典电影《星球大战》中主角的名字，将其命名为“天行者（Skywalker）白眉长臂猿”[①]。对这些在高大的树木间灵巧穿行的长臂猿来说，这名字或许恰到好处。

---

① 一般称为天行长臂猿。——编者注

不过，新亚种的白眉长臂猿仅有200来只，已陷入濒危状态。

若进一步调查固有种生物众多的马达加斯加，很有可能还会发现新的灵长类。对于人类来说，灵长类的世界还有太多的未解之谜。

来自美国，在卢旺达等地研究山地大猩猩的先驱者乔治·夏勒在接受我采访时曾激动地讲过这样一番话："人类会为火星上可能存在新物种这种未知之事兴奋不已，却对地球家园中或许存在着大量未知生物的事实置若罔闻。这些生物有许多在尚未被我们发现时就静默地消逝了。为什么人类对这些事能如此漠不关心呢？"作为专注环境问题的记者，夏勒的质问永远印在了我的心间。

一如至此介绍的一样，人类自诩"万物之灵长"，所作所为却将许多至亲的灵长类动物逼向了灭绝的深渊。在众多人士锲而不舍的努力下，一些物种的处境正逐渐得到改善。然而遗憾的是，研究人员几十年前就警示过的危机依然未见解决的迹象。当然，濒危物种增加也并非灵长类独有的问题。

森林破坏，不可持续开发，非法野生动物交易等行径导致今日的困局依旧在继续。在不远的将来，以大型类人猿为首的众多灵长类将会消亡。为阻止这一天来临，必须仔细审视我们日复一日视作理所当然的生活，从中找出根本的问题，并对症下药地解决。诚然，这会伴随着巨大的代价，也会面临各式各样的抵抗，但我们又岂能将一个灵长类所剩无几的、乏味的地球留给子子孙孙。同时，我们也绝不能忘记，让灵长类在世间存活下去对人类有着何等重要的意义。人类是只能在地球生态系统中生存的物种，环境破坏和其他物种的灭绝，终究会将我们自己导向毁灭之途。

夏勒曾这样写道："人类能理解自己离不开植物、动物、岩石和水的事实，却很难感知到这一点。原生动物、蚊蝇、大猩猩以及人类自身都依靠大自然生存。我们自发远离了大自然中的群体，然后成为统治地球的暴君。可当人类在生存竞争中彻底胜出的刹那，恐怕也是自身毁灭的瞬间。"

"利基天使"高迪卡斯在著作中这样形容步向灭绝之路的灵长类："此时此刻，它们正在热带雨林接受着自然的考验。"她指出："在这颗越来越不宜居的星球上，眼睁睁地看着类人猿走向灭绝之路，就好比看到我们人类自己的未来一般。"高迪卡斯还这样写道："拯救我们最为亲近的物种，守护它们赖以生存的热带雨林，将会成为人类自救的第一步。"

为了不使21世纪沦为"灵长类大灭绝的时代"，我们这群自称为"智人"（Homo Sapiens）的傲慢灵长类的才智，即将接受严峻的考验。

致 谢

灵长类深陷危机——我意识到这一现状，学习相关保护举措，并对此展开追寻，正是由于与本书中反复提及的拉塞尔·米特迈尔的邂逅。我随他一起，探访了巴西和马达加斯加等诸多国家，本书中登场的许多生物保护学者正是幸得拉塞尔引荐而相识。他无私地将守护灵长类的必要性，以及该物种的种种魅力详尽地告知于我。对他的知无不言，我从心底深怀感激。多年来，我得到京都大学的山极寿一校长倾囊相授；在刚果民主共和国关于倭黑猩猩的采访，则承蒙京都大学的伊谷原一教授与日本猿猴中心的冈安直比两位先生的关照；在邻国刚果共和国森林地带的采访，受教于京都大学毕业的西园智昭先生；在卢旺达的采访则得到了摄影记者森启子老师的种种指点。文中提及之人的头衔均为采访当时情况，敬称均已省略。本书涉及的信息大多基于日本共同通讯社记者所采的资料。对于允许我参考使用这些资料的共同通讯社科学部及编辑委员室的各位同人，以及家人，我深深地感念于心。

参考文献

图书

Faces in the Forest: *The Endangered Muriqui Monkeys of Brazil*, Karen B. Strier, Harvard University Press, 1999

The Great Apes, Cyril Ruoso, Emmanuelle Grundmann, Evans Mitchell Books, 2007

Primates of the World, Ian Redmond, New Holland Publishers Ltd, 2008

The Bonobos: *Behavior, Ecology, and Conservation (Developments in Primatology: Progress and Prospects)*, Takeshi Furuichi, Jo Thompson, Springer, 2008

Walking with the Great Apes: Jane Goodall, *Dian Fossey, Birutê Galdikas*, Sy Montgomery, Chelsea Green Pub Co, 2009

Lemurs of Madagascar: Tropical Field Guide Series (English Edition), Russell A. Mittermeier, et al., Conservation International; Third edition, 2010

Top 50 Reasons to Care About Great Apes: Animals in Peril (Top 50 Reasons to Care About Endangered Animals), David Barker, Enslow Publishers, 2010

Planet Without Apes, Craig B. Stanford, Belknap Press, 2012

Evolutionary Biology and Conservation of Titis, Sakis and Uacaris, Liza M.Veiga, Adrian A.Barnett, Stephen F. Ferrari, Marilyn A. Norconk, Cambridge University Press, 2013

Primate Tourism: A Tool for Conservation?, Anne E.Russon, Janette Wallis, Cambridge University Press, 2014

An Introduction to Primate Conservation, Serge A.Wich,Andrew J.Marshall, Oxford University Press, 2016

ゴリラの季節，ジョージ・B・シャラー著，小原秀雄訳，ハヤカワ文庫，1977

最後の類人猿—ピグミーチンパンジーの行動と生態，加納隆至著，どうぶつ社，1986

チンパンジーの森へ—ジェーン・グドール自伝，ジェーン・グドール著，庄司絵里子訳，地人書館，1994

森の隣人—チンパンジーと私，ジェーン・グドール著，河合雅雄訳，朝日選書，1996

オランウータンとともに—失われゆくエデンの園から，上下巻，ビルーテ・ガルティカス著，杉浦秀樹，斉藤千映美，長谷川寿一訳，新曜社，1999

ヒトに最も近い類人猿ボノボ，フランス・ドゥ・ヴァール著，加納隆至監修，藤井留美訳，TBSブリタニカ，2000

森の旅人，ジェーン・グドール，フィリップ・バーマン著，上野圭一訳，松沢哲郎監訳，角川書店，2000

霧のなかのゴリラ—マウンテンゴリラとの13年，ダイアン・フォッシー著，羽田節子，山下恵子訳，平凡社，2002

ボノボ—地球上で，一番ヒトに近いサル，江口絵理著，そうえん社，2008

新世界ザル—アマゾンの熱帯雨林に野生の生きざまを追う，上下巻，伊沢紘生著，東京大学出版会，2014

道徳性の起源—ボノボが教えてくれること，フランス・ドゥ・ヴァール著，柴田裕之訳，紀伊國屋書店，2014

报告

The Last Stand of the Orangutan: State of emergency: illegal logging, fire and palm oil in Indonesia's national parks, UNEP, 2007

Climate Change Impacts on Orangutan Habitats, WWF, 2009

Eastern Chimpanzee, Status Survey and Conservation Action Plan, 2010–2020, IUCN, 2010

The last stand of the gorilla: environmental crime and conflict in the Congo basin, C Nellemann; Ian Redmond; Johannes

Refisch, UNEP, 2010
BONOBO Conservation Strategy 2012–2022, IUCN, 2012
Stolen Apes: The illicit trade in Chimpanzees, Gorillas, Bonobos and Orangutans, UNEP, UNESCO, 2013
Primates in Peril: The World's 25 Most Endangered Primates 2014–2016, Edited by Christoph Schwitzer, Russell A.Mittermeier, Anthony B.Rylands, Federica Chiozza, Elizabeth A.Williamson, Janette Wallis and Alison Cotton, IUCN, 2014
Regional Action Plan for the Conservation of Western Lowland Gorillas and Central Chimpanzees 2015–2025, IUCN, 2015
The Future of the Bornean Orangutan: Impacts of Change in Land Cover and Climate, UNEP, 2015
Palm Oil Paradox: Sustainable Solutions to Save the Great Apes, GRASP, UNEP, 2016
Status of Grauer's gorilla and chimpanzees in eastern Democratic Republic of Congo, Andrew J.Plumptre, et al., WCS, 2016

论文

Luxury bushmeat trade threatens lemur conservation, Meredith A.Barrett & Jonah Ratsimbazafy, *Nature*, 2009

Apes in a changing world: the effects of global warming on the behaviour and distribution of African apes, Julia Lehmann et al., *Journal of Biogeography*, 2010

Analysis of Patterns of Bushmeat Consumption Reveals Extensive Exploitation of Protected Species in Eastern Madagascar, Richard K.B.Jenkins, et al., *PLOS ONE*, 2011

Genetic Diversity and Population History of a Critically Endangered Primate, the Northern Muriqui (Brachyteles hypoxanthus) Paulo B.Chaves, Karen B.Strier et al., *PLOS ONE*, 2011

Bonobos Respond to Distress in Others: Consolation across the Age Spectrum, Zanna Clay, Frans B.M.de Waal, *PLOS ONE*, 2013

CROSSING INTERNATIONAL BORDERS: THE TRADE OF SLOW LORISES Nycticebus spp.AS PETS IN JAPAN, Louisa Musing, Kirie Suzuki, and K.A.I Nekaris, *Asian Primates Journal*, 2015

Defaunation affects carbon storage in tropical forests, Carolina Bello 1, et al., *Science Advances*, 2015

Description of a new species of Hoolock gibbon (Primates: Hylobatidae) based on integrative taxonomy, Fan, P; He, K; Chen, X; Ortiz, A; Zhang, B; Zhao, C; Li, Y; *American Journal of Primatology*, 2017

图书在版编目(CIP)数据

寻找森林之子：灵长类的危机和未来 / (日) 井田徹治著；杨莎译. -- 北京：社会科学文献出版社，2021.2

ISBN 978-7-5201-7476-3

Ⅰ.①寻… Ⅱ.①井… ②杨… Ⅲ.①灵长目-濒危种-问题-研究 Ⅳ.①Q959.848

中国版本图书馆CIP数据核字（2020）第203999号

寻找森林之子：灵长类的危机和未来

著　　者 / [日] 井田徹治
译　　者 / 杨　莎

出 版 人 / 王利民
责任编辑 / 杨　轩　胡圣楠

出　　版 / 社会科学文献出版社（010）59367069
地址：北京市北三环中路甲29号院华龙大厦　邮编：100029
网址：www.ssap.com.cn
发　　行 / 市场营销中心（010）59367081　59367083
印　　装 / 北京盛通印刷股份有限公司

规　　格 / 开　本：889mm×1194mm　1/32
印　张：9.375　插　页：1　字　数：158千字
版　　次 / 2021年2月第1版　2021年2月第1次印刷
书　　号 / ISBN 978-7-5201-7476-3
著作权合同登记号 / 图字01-2020-2534号
审 图 号 / GS（2020）6674号
定　　价 / 79.00元